開発チームの生産性を高める
「上手な伝え方」の教科書

伝わるコードレビュー

鳥井雪、久保優子、諸永彩夏［著］　島田浩二［監修］

inu_no_pochi

伝わるコードレビューには
何が必要なんだろう？

まえがき

コードレビューでのやりとりがギスギスしてしまう――そんな経験はありませんか？

説明が不足していたり、意図が伝わらなかったり……。そのせいでレビューの時間が長引き、チームの雰囲気が悪くなってしまうこともあります。

本書は、わたしたち執筆者の会社が十数年をかけて蓄積した、**コードレビューにおけるコミュニケーションの哲学とノウハウ**をぎゅっと濃縮したものです。その上で、具体的な開発現場のシチュエーションを添えて楽しく、時に共感しながら読み進められるように調理しました。

対象読者は、コードレビューでのふるまいに自信がないジュニア開発者、後輩に怯えられないコードレビューを行いたいシニア開発者、チームの開発効率を上げたいマネージャークラスの開発者など。つまり、チームのレビュー上のコミュニケーションを改善し、信頼関係にもとづいた率直で効率のよい関係性の中で開発を進めたいと願うすべての開発者のための本です。

私たち3名の著者は、とある開発会社にそれぞれの形で関わっています。その会社の名前は「株式会社万葉」。万葉では社員に、技術に対するのと同じくらい、テキストコミュニケーションの質を重視します。チャットの運用、メールの文面、ドキュメントの書き方、そしてコードレビューにおけるやりとり。なぜなら「よい」テキストコミュニケーションが、開発効率に直に、そして大きく影響を与えると知っているからです。

そのため、他社から「万葉のPRを真似したい」と言われることも多々あります。SESという、様々な開発現場に入り込んでの即戦力を求められる働き方が洗練させた万葉の「技」といえるかもしれません。

私たちはこう思い続けていました。「どこの開発現場も、もっとテキストコミュニケーションを気にすればいいのに」と。そして、こうも思っていました。「わたしたちがいつも気にしているようなことを、まとめて説明してくれる本があればいいのに」と。

本書の主旨は、以下の3点です。

- **チームの力を最大限に引き出すためには、開発メンバー同士の信頼関係が必要であること**

- **信頼関係を築くためには、率直で効率的なテキストコミュニケーションが役立つこと**

- **すぐに実践できる、率直で効率的なテキストコミュニケーションの技術**

その中でも本書は、コードレビュー上のコミュニケーションに焦点を当てています。コードレビューでのやりとりは、開発の質を左右する重要なプロセスです。ぎくしゃくすれば開発に悪影響を及ぼし、改善すれば開発体験が大きく向上します。

本書が、あなたの、そしてあなたのチームの、より効率的で、より素晴らしい開発の日々に役立つことを願っています。

鳥井雪、久保優子、諸永彩夏

本書を読み始める前に

本書は、コードレビューにおける具体的なコミュニケーション課題への取り組み方やTIPSを、架空の開発チームを舞台に解説します。

本書の舞台について

ここはとあるIT企業の開発部署。商品在庫管理システムを開発・保守するプロジェクトに、新しいメンバーが入ってきました。新人エンジニアのポチ田です。チームマネージャーのミミ沢、シニアエンジニアのタマ本に迎え入れられ、PRベースの開発を進めていたところ、そのPR上のやり取りにはいろいろな問題が生じてきて……？

[登場する開発者たち]

ポチ田

inu_no_pochi

新人エンジニア1年生。素直なため凹みやすい。強いエンジニアになるための熱意あり。

タマ本

tamamoto

5年めエンジニア。ポチ田のメンター。後輩の教育係は初めて。ポチ田を育てたいと思っているが、教育にはまだ不慣れ。

ミミ沢

usamimi

ポチ田とタマ本の所属するチームのマネージャー。経験も長くアドバイスが豊富、人格者。

トサカ井

tosaka

タマ本と同期の5年めエンジニア。ちょっとモヒカン。

本書における用語の使い方

コードレビュー

コードの検証を、コードの作成者以外が行う作業。正しく動作するか、設計は適切か、コード規約に従っているか、バグがないかなど、検証の観点は多岐にわたる。PRに対するコードレビューは、「コードベースに取り入れてよいコードであるか」を判断するゲートキーパーの役割を持つ。

レビュアー

コードレビューを行う検証者。

レビュイー

コードレビューの対象となるコードの作成者。

Gitベースプラットフォーム

Gitの仕組みを利用した開発プラットフォーム。プロジェクトごとにリポジトリを擁し、ソースコードのバージョン管理と複数の開発者の共同開発を可能にするWebサービス。GitHub、GitLabなどがある。

PR

プルリクエスト（Pull Request：GitHubでの用語。GitLabではMerge Request/MR）。Gitベースプラットフォームの持つ機能で、プロジェクトのソースコードに対し、コミットを積むリクエストを送ることができる。複数のコミットをまとめて1つのPRにできるため、1つの機能やひとまとまりの変更ごとにPRが作られることが多い。Gitベースプラットフォームは、PRへのレビューコメント機能、リクエストを受け入れるPRの受け入れ承認（Approve）ワークフローなどを提供する。本書では一律「PR」として表記する。

ディスクリプション

PRに付記できる、PRについての詳述。一般にはPRの作成者が記述する。このPRを作成した経緯、仕様、動作確認方法など、PRを受け入れるための判断材料を記すことが多い。

◎本書におけるディスクリプションの表現

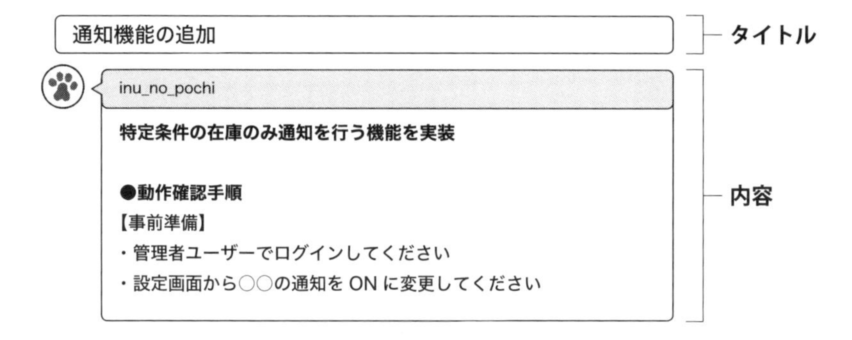

レビューコメント

コードレビューのやり取りで交わされるコメント。レビュアーはコードに対して動作確認結果、気づいたこと、改善点などをコメントとしてアウトプットし、レビュイーはそのコメントを受けてコードを改善したり、よりよいコードのためのアクションをとる。レビュアーのコメントに対してレビュイーがコメントを返し、議論が始まることもある。

◎本書におけるレビューコメントの表現

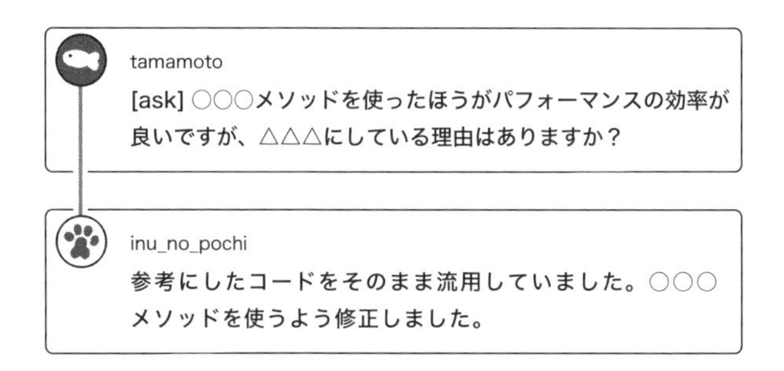

Contents

PART 1 心構え編

PART 2 実践編

PART 3 TIPS編

本書内容に関するお問い合わせについて

このたびは翔泳社の書籍をお買い上げいただき、誠にありがとうございます。弊社では、読者の皆様からのお問い合わせに適切に対応させていただくため、以下のガイドラインへのご協力をお願いしております。下記項目をお読みいただき、手順に従ってお問い合わせください。

●お問い合わせされる前に

弊社Webサイトの「正誤表」をご参照ください。これまでに判明した正誤や追加情報を掲載しています。

正誤表　https://www.shoeisha.co.jp/book/errata/

●お問い合わせ方法

弊社Webサイトの「書籍に関するお問い合わせ」をご利用ください。

書籍に関するお問い合わせ　https://www.shoeisha.co.jp/book/qa/

インターネットをご利用でない場合は、FAXまたは郵便にて、下記“(株) 翔泳社 愛読者サービスセンター”までお問い合わせください。

電話でのお問い合わせは、お受けしておりません。

●回答について

回答は、お問い合わせいただいた手段によってご返事申し上げます。お問い合わせの内容によっては、回答に数日ないしはそれ以上の期間を要する場合があります。

●ご質問に際してのご注意

本書の対象を超えるもの、記述個所を特定されないもの、また読者固有の環境に起因するお問い合わせ等にはお答えできませんので、あらかじめご了承ください。

●郵便物送付先およびFAX番号

送付先住所　〒160-0006　東京都新宿区舟町5

FAX番号　03-5362-3818

宛先　(株) 翔泳社 愛読者サービスセンター

PART 1

心構え編

Part1では、コードレビュー上のコミュニケーションについて、「これを知っておくと確実によくなる」という原理・原則について見ていきましょう。コードレビューの利点と難しさ、コードレビューが目指すところ、そして5つのルールです。このPartの内容は、Part2以降で具体例を見ていく上での前提知識にもなります。よりよいコードレビューのコミュニケーションを実現するための第一歩を始めましょう!

「伝わるコードレビュー」とは

この本は何のための・どのような本か

コードレビューは、コードの質を高め、チームの文化を醸成する重要なプロセスです。ソフトウェア開発における欠かせない活動の1つとして、様々な開発現場で取り入れられています。

本書を読み始める前に、まずは本書が想定するコードレビューのシーンをイメージしてみましょう。

あなたのもとに、次のような軽微なコードの修正をレビューしてほしいと依頼が届きました。

```
- amount = calc_amount(items)
+ # NOTE:固定送料を加算
+ amount = calc_amount(items) + fixed_shpping_fee
```

あなたはこのコードを見て、fixed_shpping_feeの箇所に次のようなコメントを残したとします。

sample

このメソッドをここで使うのは望ましくありません。理由はわかりますか？

一見して、このコメントに特段の違和感を覚えない人もいるかもしれません。しかし、このように**「クイズ形式」で相手に質問する方法には、次のような問題が潜んでいます**（※1）。

- レビュイー（レビューを受ける側）が「試されている」と感じ、ストレスや不安を与える可能性がある
- 出題と回答のために余計なやり取りが発生し、効率が低下する
- レビュアー（レビューを行う側）とレビュイーの間に力関係を生み出してしまう

このような問題を抱えたままでは、コードレビューにおけるレビュアーとレビュイーのコミュニケーションはスムーズに進まなくなってしまいます。その結果、コードレビューが持つ本来の効果を損なう可能性もあるでしょう。よかれと思って発したコメントであっても、その**「よかれ」の意図が適切に伝わらなければ、コードレビューの価値を十分に引き出すことはできないのです。**

しかし、コードレビューが重要な開発プロセスとして多くの現場に定着している一方で、「**コードレビューでの上手な伝え方**」について学ぶ機会はどれだけあるでしょうか。自分たちのコードレビューが常にスムーズに進み、誤解やすれ違いが一切ないと胸を張れるチームや組織は、果たしてどれほど存在するでしょうか。筆者は、その数は決して多くないと感じています。

例えば、レビュアーとしてコメントを書いたものの、意図とずれた修正が上がってきてしまった経験はありませんか。あるいは、レビュイーとしてコメントをもらったものの、何を訂正すればよいかわからなくて困惑したことはないでしょうか。

本書は、そうした「よくあるミスコミュニケーション」を改善し、コードレビューをより効果的かつスムーズに進めるためのガイドです。

※1　これらの問題の詳細については、Part3のTIPS「クイズを出さない」（p.128）にて解説しています。

本書の構成

本書は3つのPartで構成されています。まずPart1では、「なぜコードレビューはすれ違ってしまうのか」という課題を掘り下げ、どのような点に気をつければミスコミュニケーションを防げるのかを解説します。

次にPart2では、架空の開発現場を舞台に様々なミスコミュニケーションの具体例を紹介し、改善のアプローチを提案します。

そしてPart3では、明日から現場で使えるTIPSを、短くわかりやすいGoodパターンとBadパターンの例とともに挙げていきます。

本書が目指すゴール

本書は、コードレビューの改善を、レビュアーとレビュイーのどちらか一方だけには求めません。コードレビューがレビュアーとレビュイーの相互のやり取りで進むものである以上、レビュアーだけが言葉選びに注意したり、レビュイーだけがレビュー依頼の出し方に気を払ったりするだけでは不十分だからです。本書が目指すのは、**コードレビューに関わる全てのメンバーが、レビューを通じたコミュニケーションによってよりよい開発を行えるようになること**です。

それぞれの開発現場には、それぞれの技術的課題があるでしょう。本書は、それらの課題を直接解決するものではありません。技術的課題を解決する力は、それぞれの現場が持っています。本書の狙いは、その力を十全に、そしてスムーズにチームの力として活用できるようにすることです。そのための方法として、コードレビューにおけるコミュニケーションに徹底的にフォーカスし、次のような成果が皆さんの現場にもたらされることを目指します。

- チーム間でのスムーズな知識共有
- 効率的な課題解決
- 高品質な成果物
- チームが持つ力の最大化

誤解なく、明瞭に、ストレスなく交わされる、コードとチームを向上させるためのコミュニケーション。本書がテーマとする「伝わるコードレビュー」は、まさにそのようなコミュニケーションによって成り立ちます。皆さんの現場で日常的に行われるコードレビューを改善する手がかりとして、ぜひ本書を活用してください。

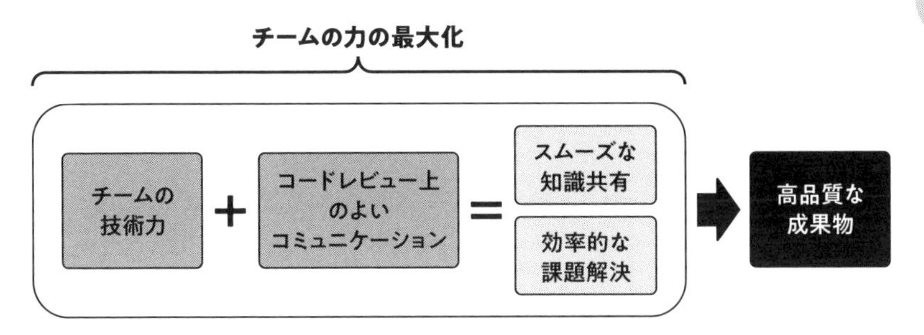

図：チームの技術力を最大化する

コードレビューの利点と難しさ

コードレビューに関する基本知識も、簡単に押さえておきましょう。コードレビューは、遅くとも1974年にIBMのMichael Faganが提唱したコード・インスペクションのプロセスの中に、その登場を見ることができます。コードレビューはその有用性から開発現場に受け入れられ、広まりました。

現在、主流となっているのは、プルリクエスト（Pull Request、以下PR）を使った「**PR型のコードレビュー**」です（※2）。この形式では、実装者がコードの受け入れ前にPRを作成してレビューを依頼し、レビュアーがコードを確認してコメントを残します。コードが受け入れ水準に達したと判断されると、レビュアーがapprove（承認）を行います。本書では、このPR型のコードレビューを「コードレビュー」として取り扱います。

※2　プルリクエスト（PR）という用語は、GitHubにおける用語に準拠しています。

コードレビューの利点

コードレビューには、次に挙げるような利点があります。

- コードの挙動を確認し、バグの混入を防ぐ
- よりよいコードの書き方や設計をチームで議論し、コードベースを健全に保つ
- 開発チームのメンバー間で知識・経験を伝達し、全体の実装力を向上させる
- 開発チームのメンバー間でプロダクトの仕様を共有する
- よりよいコードについての議論を通じ、開発チームの文化を醸成する

それぞれ、詳細を見ていきましょう。

▶コードの挙動を確認し、バグの混入を防ぐ

レビュアーは、実際にPRのコードを動かしてみて、仕様を満たす挙動となっているかを確認します。仕様そのものに不備がある場合もあるので、要求者でも実装者でもない第三者の視点で客観的に評価する機会は重要です。このとき、レビュアーに必要な情報は「**満たすべき仕様**」と「**動作確認方法**」です。

▶よりよいコードの書き方や設計をチームで議論し、コードベースを健全に保つ

PRのコードが仕様を満たす挙動をしていても、コードの書き方が非効率的であったり、必要以上に複雑な書き方でメンテナンス性を損なったりしている場合があります。より簡潔な、または堅牢な設計が必要な場合もあるでしょう。

挙動のチェックはブラックボックスのQAテストでも可能です。しかし、コードの書き方をよい状態に保ち、コードベースに一貫性を持たせて健全さを保証するには、書かれたコードをチェックするコードレビューが最適です。

ここでは、必ずしもレビュアーが最初から正解を示す必要はありません。「どのようなコードが望ましいのか」をレビュアーとレビュイーで議論するコミュニケーションが求められます。

▶開発チームのメンバー間で知識・経験を伝達し、全体の実装力を向上させる

開発チームメンバーの知識・経験は一様ではありません。ベテラン開発者と経験の浅い開発者で知識の量が異なるのは当然です。また、プロダクトに関わった期間や担当するフェーズの違いによって、プロダクトの理解度にも差が生じます。こうしたチーム内の凹凸を、レビューを通して全体的に引き上げられます。

チーム全体の実装力を向上させるコードレビューの形として、ベテラン開発者がレビュアーとなり、自身の知識や経験を伝達する方法があります。その他にも、経験の浅い開発者がレビュアーを務め、他のメンバーのコードを読んだり、レビューコメントで質問をしたりする、学習の機会としてのコードレビューも考えられます。

▶開発チームのメンバー間でプロダクトの仕様を共有する

自分が担当している部分の実装に集中していると、他のチームメンバーが実装している内容に疎くなりがちです。知らない間に思いがけない内容が実装されていて、自分の作業内容と矛盾が生じてしまうような事態は避けたいものです。コードレビューにレビュアーとして参加することで、実装されるべき仕様とそのコードを、実装者以外もキャッチアップできるようになります。

▶よりよいコードについての議論を通じ、開発チームの文化を醸成する

「よりよいコードの書き方や設計をチームで議論し、コードベースを健全に保つ」の項目でも述べたように、レビュアーがコメントで最初から「正解」を示す必要はありません。「こうしたほうがもっとよくなる」「だがそのやり方にはこういう欠点がある」といった議論を通じて、「このプロジェクトではどのようなコードをよいコードとするのか」「何を重視して開発を進めていくのか」といった方針が開発チームの共通認識として醸成されていきます。

このようにメリットの多いコードレビューですが、これらの利点を得るには、コードレビューが健全に機能していることが前提となります。

コードレビューには、レビュイーとレビュアーの時間が必要です。さらに、実りあるコードレビューには議論がつきものですが、議論はそれなりの時間を必要とします。そのため、コードレビューは短期的には開発速度が落ち、コストが増える活動といえます。それでも、コードレビューが健全に機能するなら、こうしたコストに見合う効果を生み出すことが可能になります。

コードレビューの難しさ

コードレビューを機能不全にする要因、言い換えればコードレビューの難しさはどこにあるのでしょうか。その難しさは、**コードレビューが本質的に「批判」「批評」であること**、つまり**PRで提出されたコードに対し改善を求めるものであること**にあります。

コードレビューで行われる、コードに対するプラスのフィードバックは効果的です。しかし、コードレビューの最終地点が「コードが受け入れ可能な品質であると保証する」ことである以上、その中心的な内容はコードの不備を指摘し、改善を要求するものにならざるを得ません。昔から「忠言耳に逆らう」という言葉があるように、耳が痛い指摘はなかなか受け入れがたいものです。「自分のコードへの批判」と「自分への批判」を混同してはいけない、とはよくいわれます。しかし、自分と自分の書いたコードの心情的な切り離しは、訓練や適切な環境設定なしには難しいでしょう。

▶レビュイー（指摘を受ける側）の態度による問題

具体的な例として、レビュイー側がコードレビューの機能を阻む典型的な態度を2つ挙げます。

- 過剰に防衛的な態度
  - レビューを「攻撃」と捉えて警戒するあまり、どんなコメントも懐疑的に受け取ったり、情報を出し惜しみしたりする

- 過剰に受動的な態度
  - レビューコメントを無条件で受け入れ、自分の意見や考えを持とうとしない

▶レビュアー（指摘する側）の態度による問題

一方で、指摘を行うレビュアー側にもコードレビューの機能を阻む「まずい指摘」の例があります。

- 独善的な指摘
  - レビュアーの個人的な観点からの批判で、客観的な根拠が示されていない

- 持って回った表現
  - 攻撃的と思われないように気を遣うあまり、まわりくどくなり、コメントの意図が掴みづらい

- 人格の攻撃
  - コードの不備を指摘する際に、実装者の態度や人格について言及してしまう

批判・批評を正しく伝え、正しく受け止めるためには、一定のテクニックや訓練が必要です。しかし、残念ながらそのような訓練を受ける機会はあまり多くありません。

ここまでの話をまとめましょう。コードレビューには様々な利点があります。しかしコードレビューが「批評」であるという本質から、そこには難しさがつきまといます。この難しさは、技術的な課題とは異なる次元のものです。指摘がうまく伝わる形にならない。指摘を受け入れるのに心理的障壁がある。このような難しさは、つまり、コミュニケーションの問題なのです。

健全なコミュニケーションの基盤を築くことが、実りあるコードレビューを実現する鍵になります。

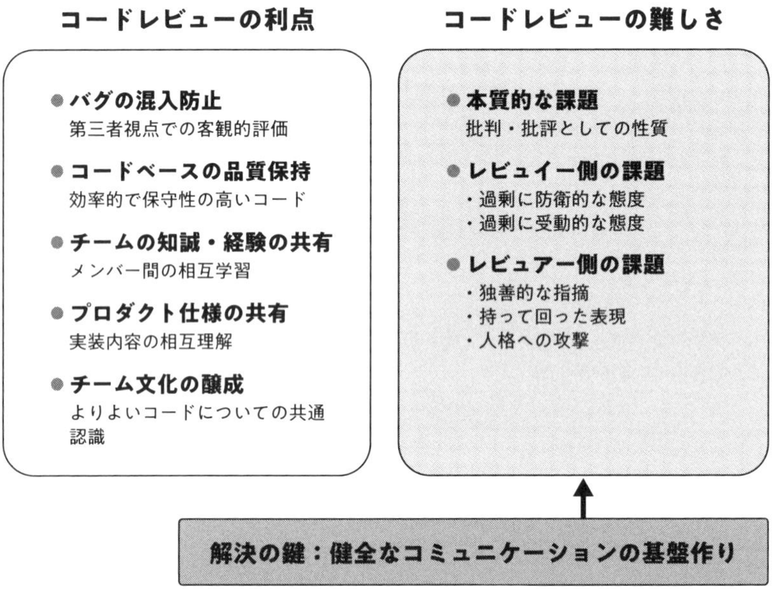

コードレビューの利点

- **バグの混入防止**
  第三者視点での客観的評価
- **コードベースの品質保持**
  効率的で保守性の高いコード
- **チームの知識・経験の共有**
  メンバー間の相互学習
- **プロダクト仕様の共有**
  実装内容の相互理解
- **チーム文化の醸成**
  よりよいコードについての共通認識

コードレビューの難しさ

- **本質的な課題**
  批判・批評としての性質
- **レビュイー側の課題**
  ・過剰に防衛的な態度
  ・過剰に受動的な態度
- **レビュアー側の課題**
  ・独善的な指摘
  ・持って回った表現
  ・人格への攻撃

解決の鍵：健全なコミュニケーションの基盤作り

図：コードレビューの利点と難しさ

コードレビューはコミュニケーション

　コードレビューをコミュニケーションの観点から捉えると、そこで何が起こっているのか、何を目指すべきなのかがより明確になります。

レビューをする側・受ける側

　コードレビューにおける主な2つの立場を再確認します。1つはコードを実装し、レビューを受ける側であるレビュイー。もう1つはレビューをする側であるレビュアーです。それぞれ、コミュニケーションにおいてどのような役割を期待されているのか整理してみましょう。

　レビュイーに求められるのは、**レビュー対象である実装の情報を過不足なく提示すること**です。PR形式であれば、PR詳細、あるいはディスクリプションと呼ばれる場所にその情報を記載していきます。具体的には次のような内容が求められるでしょう。

- **このコードによって実現されるべき状態・仕様**
- **変更の前後での違い**
- **なぜこのような実装にしたのかの設計判断**
- **レビューで検討してほしい点**
- **動作確認方法**

これらがPRのディスクリプション上でレビュアーに提示されることで、レビュアーはスムーズにレビューを行うことができます。

一方で、レビュアーに求められる内容は多岐にわたります。例えば動作の確認、仕様との乖離チェック、コードの品質チェック、設計の良し悪しの検討、パフォーマンスの評価、セキュリティの検討などです。チームによって求められる役割が異なる場合もあるでしょう。しかし、コミュニケーションとして見たとき、特に重要なのは次の2点です。

- **指摘事項について明瞭な根拠を示す**
- **質問する際は「なぜそれを知りたいか」を示す**

この2点を守ることで、レビュイーは指摘を受け入れるかどうか、また、質問にどのように答えるべきかを判断できます。

さらにコードレビューは、一度のやり取りで終わりとは限りません。レビュイーがPRを提出し、レビュアーが指摘を行い、レビュイーがコードを改善する……その後にさらに議論や調整が必要になる場合も多いでしょう。レビュアーの指摘意図がレビュイーに正確に伝わらず、修正内容がずれてしまうこともあります。そのような場合は、すり合わせや議論が必要になります。この議論が建設的であれば、コードレビューの効果をさらに高めることができます。

コード“レビュー”という言葉から、コードレビューの主体はレビュアーであるように考えられがちです。しかし、実際には、「**受け入れ可能なコードの状態を目指して、レビュアーとレビュイーが二人三脚でコードを改善していくもの**」がコードレビューなのです。

図：コードレビューの二人三脚

レビューがすれ違うとき

では、そのコードレビューにおける二人三脚の構図が乱れるのはどのようなときでしょうか。それは、ごく当たり前に聞こえるかもしれませんが、「**相手の意図が掴めないとき**」です。

例えば、次のようなディスクリプションのついたPRが上がってきた場合を考えてみましょう。

> 軽微な修正

> sample
>
> バグを修正しました。

このたった一文のディスクリプションからは、レビューに取り組むために必要な情報がほとんど読み取れません。レビュアーに必要なのは、「どのようなバグだったのか」「バグの原因は何だったのか」「なぜこの修正方針を選んだのか」「どのように動作確認を行ったのか」といった詳細な情報です。

あるいは、自分が出したPRに次のようなレビューコメントがついたらどうでしょう。

sample

どうしてこのメソッド？

このコメントだけでは、レビュイーは意図を読み取れず、頭を悩ませることになります。「このメソッドは使うべきではなかったのか？」「おかしな使い方をしているのか？」「もっとよい別のメソッドがあるという意味なのか？」と、様々な可能性を考えなければなりません。

「相手の意図が掴めない」状況は、次に示すように様々な形で発生します。どれも起きてほしくない状況ですが、実際には多くの開発現場で起こり得ます。

- **レビュアーの場合**
  - **質問に対してレビュイーの回答が要領を得ない**
  - **レビューで求めた修正と異なる変更が、特に説明もなく上がってくる**

- **レビュイーの場合**
  - **レビュアーの指摘の根拠がわからず、修正すべきか判断ができない**
  - **コメントが多すぎて、全否定されているように感じる**

コードレビュー上のすれ違いは、頻発すれば開発速度にマイナスの影響を及ぼします。また、チーム内での関係性もぎくしゃくするかもしれません。しかし、衝突を恐れるあまり、形だけのレビューに終始してしまうと、コードの質の担保も知識の共有もできなくなり、コードレビューの利点が全く発揮されなくなってしまいます。「相手の意図がわからない」という事態は、可能な限り避けなければなりません。

過不足なく情報をやり取りできる風通しのよいコードレビューをするためには、様々な役立つテクニックがあります。Part1の後半「伝わるコードレビューの5大ルール」では、そのテクニックの基本的な原則を確認します。そして続くPart2では、よくあるすれ違いの事例を基に、レビュアー・レビュイーそれぞれの立場から具体的な改善のアプローチを検討します。

関係性によって変わるコードレビューの効率

コードレビューのテクニックを学んで実践する前に、1つ重要な認識を合わせておきましょう。それは「テクニックは何のためにあるのか？」ということです。

結論をいえば、それはコードレビューの十分な機能を可能にする**コミュニケーションの確かな基盤、確かな関係性を築くため**です。チーム内の健全な関係性や信頼感は、コードレビューの機能を支える重要な要素です。それがあれば、コードレビューの効率も向上します。一例として、先ほど悪い例として挙げたレビューコメントを再び見てみましょう。

sample
どうしてこのメソッド？

レビュイーとレビュアーの間に信頼関係がない場合、このような言葉足らずのコメントを受け取ったレビュイーはあれこれと疑心暗鬼に陥り、コメントの意図を汲み取るのにも時間がかかってしまうでしょう。

ここでいう信頼関係とは、ごく単純な次の2点を前提とする関係性です。

- **レビュアーはレビュイーを攻撃していない**
- **レビュアーのコメントに余計な意図が含まれていない**

両者の関係性においてこの2点が担保されているのならば、レビュイーは不必要な疑念を抱かず、単純に「このメソッドを採用した理由」を返信するだけで済みます。もしコメントの意図に不安があれば、次のように率直に尋ねることもできるでしょう。

sample
（メソッドを採用した理由を記述した後に）
コメントで聞かれた意図がわからなかったのですが、以上の回答で十分でしょうか？

レビュアーがそれで十分なら十分と回答があり、不十分であれば補足の説明が入るでしょう。対話、つまりコミュニケーションが始まるのです。

もちろん、レビュアーとレビュイーが別々の人間である以上、常にお互いの意図が完全に伝わるとは限りません。どんなに気を遣ったとしても、あるいは様々なテクニックを駆使したとしても、不理解やミスコミュニケーションからは逃れられないのです。

必ず起こる「相手の意図がわからない」事態において、率直に「わかりません」と言えるかどうか。そのような関係性が築けているかどうか。結局はその成否が、開発の効率を左右するのです。

コードレビューでは互いを向き合ってはいけない

さて開発を阻害しない、率直で建設的なコミュニケーションを可能にする関係性は、どのようにすれば成立するのでしょうか。

理解を深めるために、まずはアンチパターンとなる関係性を考えてみましょう。つまり、開発をつまずかせ、停滞させ、婉曲で非建設的なコミュニケーションへと落ち込ませる関係性です。そのような関係性の間では、どのような態度や行動が取られているのでしょうか。代表的な例として次に挙げるものがあります。

- **悪意の想定**
- **怠惰の想定**
- **過度の防衛**
- **虚勢**
- **優位性の誇示**

それぞれの具体的な状態と、引き起こされる問題を詳しく見ていきましょう。

▶悪意の想定

相手に悪意があると疑っている状態です。

引き起こされる問題

レビューコメントを文面通りに受け取らない。

例

tamamoto

このケースはどのような経路を想定していますか？

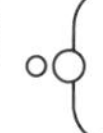

存在しないケースについて書いていると批判されている!

▶怠惰の想定

相手が自分より怠惰であると疑っている状態です。

引き起こされる問題

コードやコメントにミスを発見した場合に、その原因を自分より怠惰なせいと決めつける。

例

あれ、動かないじゃん。さては動作確認せずにPRに出したな。

tamamoto

動作確認をしてからPRしてください。

動作確認はちゃんとしてたのに……。環境やデータの違いによるバグかもしれないけど、なんかモヤモヤするな。

▶過度の防衛

間違いを指摘されることを恐れて、率直さを失っている状態です。

引き起こされる問題①

曖昧で冗長なコメントに終始する。

例

tamamoto

だいたい大丈夫だと思います。ただ、自信はないのですが、このあたりに問題があるかもしれないです。でもまあ、大丈夫かもしれません。

引き起こされる問題②

討論を回避する。

例

このコメント間違っている気がするけど、反論するのも面倒だし、言われた通りに修正しちゃおう。

▶虚勢

開発者としての実力を低く見られることを恐れて、不誠実な対応になる状態です。

引き起こされる問題

修正を認めない。

例

inu_no_pochi

ご提案のコードと私の書いたコードに大きな違いがあるようには思えません。

▶優位性の誇示

相手よりも自分が優秀であると感じさせたい状態です。

起こること

高圧的な物言いをする。

例

tamamoto

ちゃんと考えればこのケースは気づけたはずです。

程度はあれど、上に挙げたような態度に悩まされた経験のある方も多いのではないでしょうか。これらの行動や態度に共通するものはなんでしょう。それは、**相手と自分の関係に拘泥している**点です。相手が自分をよく思っていない、相手のほうが楽をしている、相手から侮られたくない、相手よりも優秀だと示したい……このような思考に囚われているとき、視界には自分と相手しか存在しません。コードレビューはレビュアーとレビュイーがコードを挟んでコミュニケーションをするため、お互いに向かい合う意識になりがちです。

しかし、コードレビューにおいては、もう1つ考えるべきことが存在するはずです。それは「**レビューの対象となっているコードが解決するべき問題**」です。

不健全で疑心に満ちた関係性から抜け出し、風通しのよい関係性を築くために必要なこと。それは、レビュアーとレビュイーがお互いを向き合うのではなく、**両者ともが問題とその解決へと視線を向ける**ことなのです。

図：問題に対して向き合うと、生産的な関係になる

「問題vs私たち」の関係を作る

私たちの開発は、問題を解決するためにあります。コードレビューはその問題解決を、よりよい形で行う手段の1つです。レビュアーとレビュイーがともに問題解決そのものに目を向けるとき、些細な言葉の行き違いや認識の齟齬は、率直なコミュニケーションによって解決できます。

では、そのようにレビュアーとレビュイーが問題解決に集中できるようになるためには、何が必要なのでしょう。それは——少しねじれた理屈に聞こえるかもしれませんが——できるだけコミュニケーションがスムーズであることです。そう、**些細な言葉の行き違いや認識の齟齬が少ないコミュニケーションが、些細な言葉の行き違いや認識の齟齬を問題としない関係性を作る**のです。

開発チームが築かなければならないのは、信頼関係です。相手と行き違いがあったときに、それが悪意や怠惰によるものではない、相手は自分と同じく問題解決に向き合っている、と感じられなければなりません。そしてその感覚は、口で「悪意はありませんよ」「問題解決に向き合っていますよ」と伝えるだけでは作れません。悪意や怠惰を疑う余地のない、ともに問題解決に向き合う時間の中で、信頼関係は築かれていきます。その信頼関係の構築のために、本書は伝えたい内容・意図が明確に“伝わる”コードレビューのテクニックを集めました。

そんな「伝わるコードレビュー」には、守るべきルールがあります。様々なコードレビューのテクニックは、コミュニケーションがそのルールに添う形になることを目指します。次に、その5つのルールを見ていきましょう。

伝わる
コードレビューの
5大ルール

コードレビューで守るべきルール

コードレビューはソフトウェア開発において、ソースコードの品質を保つために欠かせないプロセスです。しかし、せっかくのレビューも、コミュニケーションの齟齬によって時間を無駄にしてしまっては、本来の目的を達成できません。実際、コードレビューの場で喧嘩とまではいかなくても、意見の衝突や言い争いを目にすることがあります。また、すれ違いが原因でコメントが無駄に膨大になり、効率が悪くなっているPRも珍しくありません。

開発には基本的に締切があります。そのため、限られた時間の中で効率よく開発を進めることが求められます。しかし、このようなコミュニケーションの無駄が発生すると、プロジェクト全体の進行が遅れ、最終的には納期にも影響を及ぼしかねません。納期が近づけば近づくほど、コードレビュー後のスムーズなマージとリリースが求められます。

だからこそ、開発を円滑に進めるためには、**コードレビューにおける指摘や質疑応答がスムーズに行われることが重要です**。曖昧な表現や不明確な指摘によって何度もやり取りが発生してしまうと、貴重な時間が無駄になってしまいます。レビュアーもレビュイーも「伝達ロスが少なく、意図が正確に伝わる」コミュニケーションを心がける必要があります。

そのため、PRにまとめる説明やコメントは、伝えたいことが「端的で正確に」伝わるようにしなければいけません。しかし、実際にはこの点を十分に意識している人はそれほど多くないように思います。

それでは、伝わるコードレビューを実現するためには、どのような点に注意すればよいのでしょうか。本書では、注意すべき点を5つのルールとしてまとめました。

ルール①：決めつけない
ルール②：客観的な根拠に基づく
ルール③：お互いの前提知識を揃える
ルール④：チームで仕組みを作る
ルール⑤：率直さを心がける

それぞれのルールの詳細を確認していきましょう。

ルール①：決めつけない

最初に心がけるべきことは、「**決めつけない姿勢を持つこと**」です。開発現場には多様な人々が関わり、それぞれの状況や考え方は異なります。異なる人々が集まれば、予想外の事態が起こるのも当然のことです。そのため、「多分こうだろう」と自分の想像に頼って決めつけるのは、ミスコミュニケーションの元となります。

次に示すのは、決めつけをしている悪いコメントの例です。

tamamoto
このような書き方が推奨されないことを知らないはずがないですよね？

tamamoto
私の指摘を無視するのはわざとですよね？

コードレビューをしている中で「なぜこの説明で理解できないのか」「このコメントは悪意を持って嫌がらせしているのではないか」と疑念を抱いた経験は

ないでしょうか。あるいは「こんな初歩的なことがわからないはずがない」「相手は手を抜いているんじゃないか」と思ったことがあるかもしれません。しかし、こうした決めつけは、コミュニケーションを悪化させ、議論を不必要にヒートアップさせる原因になりかねません。

たとえ優れたエンジニアであっても、これまでの開発経験で触れる機会がなかったために基本的な知識を知らなかったり、長い間使用しなかった技術を忘れてしまったりすることは珍しくありません。「相手はわかっているはずだ」「知っているに違いない」という思い込みに囚われるのではなく、まずは確認する姿勢を大切にしましょう。

ハンロンの剃刀

人は無意識に自分を基準にして物事を考えがちです。その結果、自分が当然と思っていることを、つい相手にも求めてしまうことがあります。ここで役立つのが「**ハンロンの剃刀**」という原則です。この原則は、「**無能で説明できることに悪意を見出すな**」という考え方を示すものです。

つまり、相手が何かを知らない、あるいは理解していない場合、それを悪意と解釈するのではなく、単純にその知識や理解がないだけだと捉える、ということです。こうした心構えを持つことで、フィードバックの内容やトーンがより建設的なものになります。

先ほど例示した悪いコメントは、次のように改善することができます。

tamamoto

△△メソッドもありますよ。◯◯であればこちらのほうがおすすめです。

tamamoto

さっきのレビューで◯◯についてもコメントしましたがそちらはどうでしょうか?

推測ではなく確認を

また、相手の意図や背景を推測するのではなく、素直に相手が伝えてきたことを信じましょう。ディスクリプションの説明が不足している場合も、想像で補完するのではなく、直接質問して確認することが重要です。少し手間に感じるかもしれませんが、確実に議論を進めるための重要なステップであり、不必要な誤解や対立を防ぐことができます。

相手が考えていることは、相手にしかわかりません。たとえ自分の中で「こうに違いない」と確信しても、それは単なる推測に過ぎません。ですから、確信を持つ前に、対話を通じてお互いの理解を深めることが大切です。

特に、時間が限られている場合や、納期が迫っているときは、レビューを迅速に終わらせたいと感じることがあるかもしれません。しかし、急いで結論を出してしまうと、かえって後々のトラブルに繋がり、結果として時間を無駄にしてしまいかねません。急がば回れという言葉があるように、慎重で丁寧なレビューを心がけましょう。

丁寧なレビューを行うためには、**まず気持ちをリセットする**ことが重要です。コードを書いているときの高揚感をそのまま引きずると、つい感情的になりがちです。例えば、飲み物を汲み直すなどのアクションを通じて、一旦気持ちを落ち着けることで、冷静で客観的なレビューができるようになるでしょう。

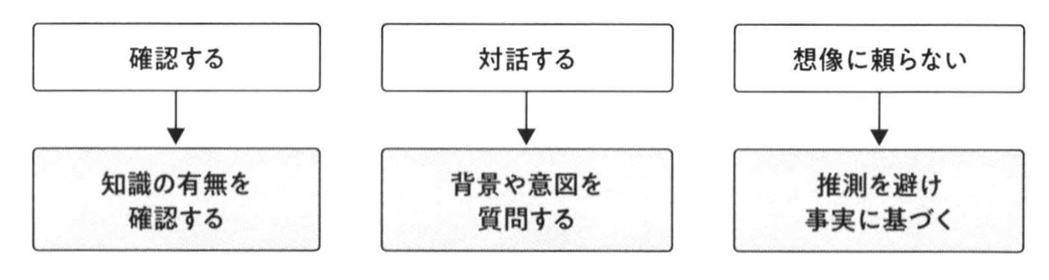

図：決めつけないためにできること

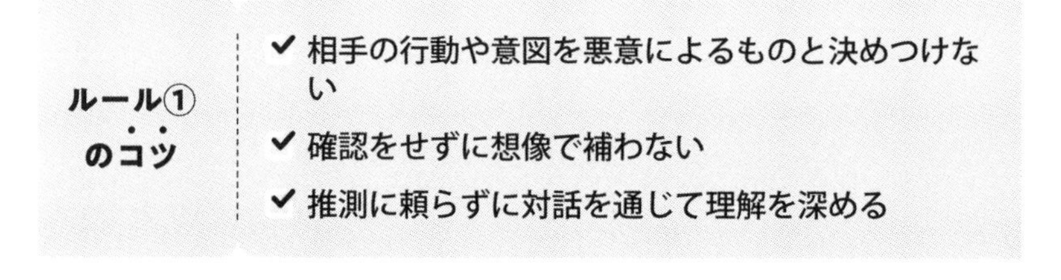

ルール②：客観的な根拠に基づく

コードレビューにおいて自分の意見を伝える際には、必ず「**客観的な根拠を添えること**」が重要です。事実と想像を自分の中で明確に分け、それぞれを適切に伝えることを心がけましょう。

例として、次の2つのレビューコメントを見てみましょう。それぞれ、うまく動かないコードの原因を予想するコメントである点は共通しています。しかし、見比べればわかる通り、2つのコメントには明らかな情報量の差があります。

tamamoto
多分このあたりが悪さをしていると思うんですよね。

tamamoto
ここのメソッドで返り値が期待通りになっていないのを確認したため、このメソッド内の処理が悪い可能性が高いです。

後者のコメントで示されている仮説は具体的な事実に基づいており、受け取り手が次のステップに進む際の負担が大幅に軽減されます。一方、前者のコメントでは情報量が不足し、時間を浪費しかねません。

仮説は「事実」に基づいて立てる

コードレビューにおいて、うまく動かないコードや不具合の原因を探すプロセスは、推理小説の犯人探しに似ています。まずは証拠を集め、それに基づいて仮説を立てます。証拠を集めずに、ただ感覚で犯人を特定しようとするのは、当てずっぽうに過ぎません。推理が当たることもあるかもしれませんが、その確率は非常に低いでしょう。もちろん、経験豊富なベテランエンジニアならば、直感で問題の原因を見抜くこともあるかもしれません。しかし、それも経験に基づいた「嗅覚」に裏打ちされたものであることがほとんどです。

推理を行おうとしている相手に対して、根拠のない推測や不正確な情報を伝えてしまうと、相手は間違った前提で仮説を立ててしまう可能性があります。しかし、推理を行う際には「事実に基づいて」仮説を立てることが不可欠です。主観的な想像や推測に基づいた仮説を重ねていくと、検証すべき範囲が増え、次第に作業は複雑化してしまいます。

こうした事態を避けるためにも、レビュー内容やその返信には、必ず客観的な根拠を添えましょう。事実を明確に示すためには、エラーのログや、状況を再現するための操作手順、画面のスクリーンショットなど、具体的なエビデンスを提供するとよいでしょう。自分の仮説を述べる場合は、それが事実やエビデンスに基づいたものであるかどうかを明確に伝えることが求められます。

「正解」が存在しないケースの考え方

プログラミングの世界には「絶対的な正解」が存在しないことも多いです。 例えば、ある目的を達成するために複数の実装方法が同等に有効である場合もあります。その際には、「私はこちらのほうが好みです」といった個人的な意見として伝えることで、相手も「必ず直さなければいけない」とは受け取らず、無駄なやり取りを減らせます。また、根拠が不明確な場合でも、「根拠はないのですが」と素直に伝えることで、相手に対して自分の立場を明確に示せます。

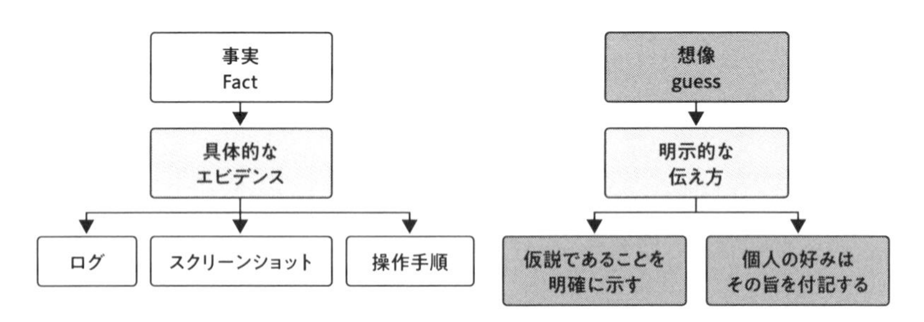

図：事実と想像を切り分ける

ルール②のコツ

- ✔ 事実に基づいた情報と、自分の推論や想像は明確に分けて伝える
- ✔ 相手が事実を確認できるようにエビデンスを必ず添える

ルール③：お互いの前提知識を揃える

　コミュニケーションにおいて、自分が理解していることを相手も同じように理解しているとは限りません。例えば、あるエンジニアが「インターフェース」という言葉を使った場合、それがJavaなどのインターフェースクラスを指しているのか、画面上のユーザーインターフェースを指しているのかで、話の内容が大きく異なる可能性があります。同じ話題を共有していると思っていても、実際には全く異なる話をしていることがあり、誤解が生まれることに繋がります。

　プログラミングでは、こうした些細な違いが大きな影響を与えることがあります。あるコードの最適化について議論している際、前提としているプラットフォームや使用しているライブラリが異なれば、同じコードでも全く異なるパフォーマンスを示すことがあります。このような食い違いが発生すると、単なる意見の相違に留まらず、開発そのものに大きな問題を引き起こすことになりかねません。そのため、まずは「**話の前提条件や背景を確認し、双方の理解を一致させること**」が不可欠です。

コードレビューにおける前提知識

　これはコードレビューの場面においても同様です。例えば、コードレビューの際に、「このAPIが動作しない」といった指摘を受けたとしましょう。このAPIが特定の条件下でしか動作しないものである場合、その条件を共有していなければ、レビュアーが不必要な修正を求めたり、誤ったアドバイスをしたりしてしまうかもしれません。

　さらに、レビュイーがコードの背景や意図を十分に説明せずにレビュー依頼をした場合、レビュアーはそのコードの本質を理解するのに多くの時間を費やすことになります。これによりレビューが遅れ、開発サイクル全体に悪影響を及ぼす可能性があります。

　レビュアーも、自分のフィードバックの背景や根拠を明確に示すことで、レビュイーがその指摘を正確に理解しやすくなります。例えば、「この部分を変更する理由は、現在の仕様ではこの処理がボトルネックになる可能性があるからです」と具体的に説明することで、レビュイーはそのフィードバックが単なる意見ではなく根拠に基づいたものであると理解できます。このように、双方が前提知識や背景を共有し合うことで、より効果的なコミュニケーションを実現できます。

最終的に、プログラミングやコードレビューはチーム全体で行うものです。チームメンバーが異なる知識や経験を持っているのは自然ですが、その違いを埋める努力を惜しまないことが、円滑なプロジェクトの進行には欠かせません。前提知識を揃えることで、全員が同じゴールに向かって協力し合える環境を作り出せるのです。

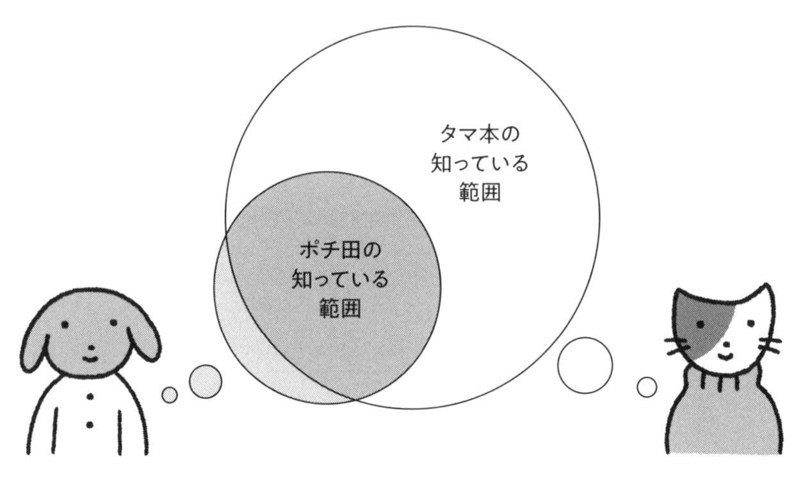

図：それぞれが知っている範囲は異なる

ルール③のコツ

- ✔ 用語や概念の意味を確認し合う
- ✔ 仕様や前提条件を明確にする
- ✔ 対話を重視する
- ✔ 前提が異なることに気づいたら指摘する

ルール④：チームで仕組みを作る

個人の心がけや努力だけで、全ての問題を解決するのは難しいものです。人間は日々のコンディションによって行動の質が変わることがあります。ある日は高い集中力で作業に取り組めても、他の日には思うように作業が進まないこともあります。このような変動がある中で、「常に完璧でなければならない」といったプレッシャーをかけると、チーム全体にストレスが溜まり、疲弊してしまうでしょう。だからこそ、「**意識せずとも自然に正しい行動を取れる仕組みを作ること**」が不可欠です。

ディスクリプションのテンプレート

例えば、PRのディスクリプションを書くためにテンプレートを用意するのは、チームで共有すべき仕組みの1つです。PRには、何のための修正か、何を解決しようとしているのか、そしてその範囲や制約などの情報を明確に記載する必要があります。さらに、動作確認に必要な手順やデータについても正確に伝えることが求められます。しかし、これらを毎回ゼロから書き出すのは時間がかかり、記載漏れも発生しがちです。

この問題を解決するために、書くべき項目をあらかじめテンプレートとして準備しておくとよいでしょう。具体的には、テンプレート内に「修正の目的」「範囲外の内容」「動作確認の手順」などのセクションを設け、それぞれに対応するタイトルをあらかじめ設定しておくのです。これにより、PRを作成する際に、書くべき内容がはっきりするので、項目ごとに適切な情報を入力するだけで済むようになります。

テンプレートを利用することで、PRの作成がより効率的になり、無駄な時間やエネルギーを節約できます。また、チーム全体のクオリティが一定に保たれ、誰もが一貫性を持ってレビューを受けられるようになります。さらに、こうした仕組みは、新しいメンバーのオンボーディングにも役立ちます。新しく参加したメンバーも、テンプレートに従うことで必要な情報を漏らすことなく伝えられるとともに、スムーズにチームのやり方を覚えて短期間で高いパフォーマンスを発揮できるようになります。

このようにテンプレートによる仕組み化は、個々の負担を軽減しつつ、チーム全体としてのパフォーマンスを向上させられる取り組みです。たとえ誰かのコンディションが悪い日であっても、仕組みで補完することで、一定のクオリティを保ち、全体としてスムーズな作業進行の実現が可能になります。

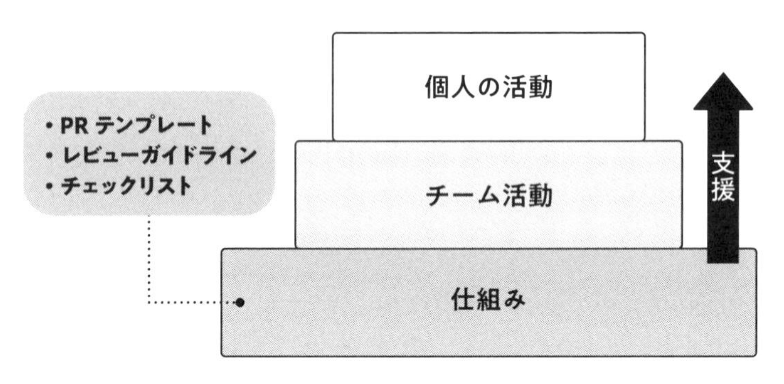

図：仕組み化による支援

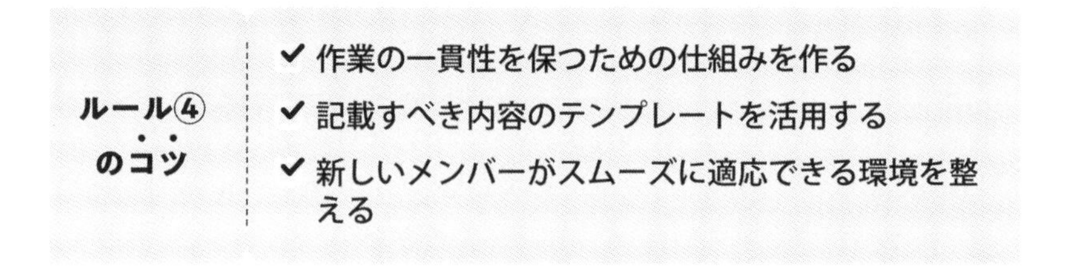

ルール④のコツ

- ✔ 作業の一貫性を保つための仕組みを作る
- ✔ 記載すべき内容のテンプレートを活用する
- ✔ 新しいメンバーがスムーズに適応できる環境を整える

ルール⑤：率直さを心がける

「**物事を率直に伝えること**」は、チーム内での信頼関係を築き、プロジェクトを成功に導くための重要な要素です。ただし、ここでいう「率直さ」とは、ただ伝えたいことをそのまま伝えることではありません。率直さは、**相手に対する敬意を忘れず、伝えるべきポイントを的確に、かつ簡潔に伝えること**を意味します。つまり、批判や指摘の裏にある意図や目的を明確にすることで、相手に理解と共感を促すコミュニケーションが重要です。

率直さを意識するあまり、感情的になったり、過度に辛辣な表現を使ったりしてしまうと、相手を傷つけ、チームの士気を下げてしまうこともあります。

例えば、コードレビューの際に、「このコードは全く使い物にならない」といった厳しい言葉を使うと、相手の意欲を削いでしまうかもしれません。そのため、伝え方には工夫が必要です。要点をストレートに伝えることは重要ですが、同時に、相手に対する配慮や共感を忘れずに、冷静かつ建設的なフィードバックを提供するよう心がけましょう。

過度な「柔らかさ」に要注意

一方で、言葉を和らげようとするあまり、婉曲的な表現を多用することは必ずしも効果的ではありません。**意図的に柔らかくしようとすることで内容がぼやけ、結果として相手に伝わらない**ケースも少なくありません。例えば、次のようなコメントは遠慮をして曖昧な表現になってしまっており、伝えるべきことが相手に伝わりません。

tamamoto

うーん、この書き方でもダメではないんだけど、もう少しこう書いたほうがいいと思うんだ。

inu_no_pochi

ダメではないならいいじゃないですか。

そうならないためにも、伝えたい内容はストレートに表現し、その前後の文脈や言い回しで、きつくならない工夫をするとよいでしょう。

tamamoto

うーん、この書き方だと無駄なDBアクセスが発生するのでデータ量が増えると処理が重くなり、実際に使うのが厳しくなると思います。だからこのように書いたほうがよいです。

inu_no_pochi

そうなんですね。わかりました。

率直さはお互いに求められる

また、率直であることは、レビューを受ける側にも求められます。レビューに対して過剰に防衛的にならず、指摘された点を冷静に受け止めることが、個人の成長とチーム全体の向上に繋がります。自分が知らなかったことや、間違っていた点を認めることは、決して恥ずかしいことではありません。むしろ、こうした姿勢が、エンジニアとしてのキャリアを長期的に支える重要な要素となります。

また、率直さとは、相手の意見や指摘に対して柔軟に対応する姿勢を持つことでもあります。レビューを受けているとき、自分が間違っていると認めるのは難しいかもしれませんが、見栄やプライドを捨て、素直に相手の意見を受け入れることが、プロフェッショナルとしての成長を促します。レビューで指摘されたことが自分の理解や見解と異なる場合でも、まずは冷静にその指摘の意図を理解し、必要であれば自分の考えを修正することが大切です。相手が間違っている場合でも、感情的にならず、根拠を示して冷静に対応することで、建設的な議論を続けることができます。

率直さがチームを強くする

率直さは、チームのコミュニケーションを円滑にし、協力関係を強化するための重要な要素です。レビュアーとレビュイーがお互いに率直であることで、問題点を早期に発見し、迅速に修正できるようになり、結果としてプロジェクト全体の成功に繋がります。

しかし、率直さは単に自分の意見を正直に伝えることではなく、相手を尊重し、冷静に対話を進めることとセットで成り立ちます。どれほど正しい意見でも、伝え方が攻撃的だったり高圧的だったりすると、相手は受け入れにくくなります。率直でありながらも相手の立場や考え方に配慮し、建設的なやり取りを心がけることが大切です。

また、チームメンバーとの間で信頼関係を築くためにも、率直さを心がけつつ自分の誤りを認める勇気を持つことが求められます。自分の間違いを素直に認める姿勢は、周囲からの信頼を集めるだけでなく、チーム全体の成長にも繋がります。相手が間違っていた場合も、感情的に指摘するのではなく、冷静に事実を伝え、相手が受け入れやすい形でフィードバックを行うことが重要です。

また、指摘や反論を受けた際の対応には、冷静さと敬意も求められます。指摘した内容が勘違いだったり、相手に反論されたりした場合、感情的に反応せず、「確かにそうですね、私の認識が誤っていました」と素直に認めることが、健全な議論に繋がります。逆に、相手が誤っていた場合でも、無理に押し込もうとせず、丁寧な説明を心がけましょう。

コードレビューの目的は、お互いを論破することではなく、よりよい成果を生み出すことです。相手の意見に耳を傾け、冷静さと敬意を持ってコミュニケーションをとることで、チーム全体がよりよい方向へ進むことができます。

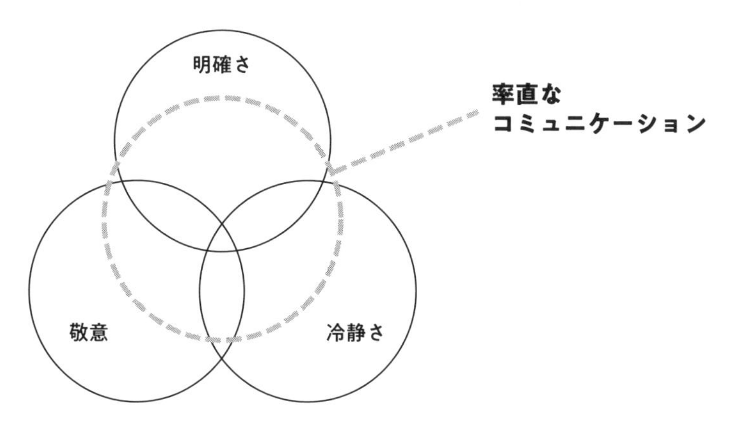

図：率直なコミュニケーションを支える3要素

ルール⑤のコツ	
	✔ 批判や指摘は、相手を尊重した言葉で率直に伝える
	✔ 感情や余計な情報を交えず、伝えるべき内容にフォーカスする
	✔ 相手の指摘に感情的にならず、冷静に対応する

コードレビューは双方向のコミュニケーション

コミュニケーションは常に双方向であり、コードレビューも例外ではありません。レビューが効果的に機能するためには、フィードバックを提供するレビュアーだけでなく、それを受け取るレビュイーの意識改革も欠かせません。ここまで、主にレビュアーとしての注意点について述べてきましたが、全ての行き違いを伝える側の努力だけで解決することはできないのです。

受け取る側の姿勢によって、コードレビューの質は大きく変わります。例えば、指摘を単なる批判と捉えず、改善の機会として前向きに受け止めることが重要です。また、指摘に納得できない場合でも、すぐに反発するのではなく、まずは相手の意図を冷静に理解しようとする姿勢が求められます。レビューの目的はあくまでチームとしてよりよいコードを作ることであり、個々の優劣を競う場ではありません。

このように、レビュアーとレビュイーの双方が適切な心構えを持つことで、コードレビューは単なる指摘の場ではなく、学び合い、成長し合う貴重な機会となります。この点については、続くPart2の実践編でも詳しく触れていますので、レビューを受ける立場の方もぜひご一読いただき、自分の考え方と照らし合わせてみてください。

PART 2

実践編

Part2では、とある架空の開発現場を舞台に、コードレビューの具体的なコミュニケーションの様子を見ていきます。この開発現場では、プロジェクトチームに新しくメンバーが加わったことで、コードレビューにおける問題がいろいろと見えてきたようです。レビューのやり取りで生じる、様々な「困った!」の解決法について登場人物たちと一緒に考えていきましょう。

Case 1

緊張感のある
レビューコメント

お昼休みが終わった午後のオフィス。入社1年目のプログラマーのポチ田がPCの画面を見て青い顔をしています。ポチ田はこのプロジェクトに入ってまだ1ヶ月。先輩プログラマーのミミ沢が、心配して声をかけました。

どうしたの？　大丈夫？

ポチ田は涙目で、PCのモニタを指差します。そこには、午前中にポチ田が出したPRの画面が映っていました。レビューコメントが1つだけついています。ベテランプログラマー、タマ本からのコメントです。

tamamoto

このメソッドを使ったのはなぜ？

こ、このメソッド、使ってはいけなかったんでしょうか……。

ポチ田はすっかり尻尾を丸めておびえています。聞けば、ポチ田は午前中にこのコメントをもらって、なんと答えればいいかお昼休みの間中悩んでいたとのこと。

なるほどね、とミミ沢は肩をすくめました。それから、タマ本のいるデスクまで行って、タマ本と軽く話をします。しばらくすると、タマ本のコメントが更新されました。

解決のアプローチ

レビュアー編

更新されて、タマ本のコメントは次のように変わりました。

tamamoto

[ask] このメソッドを使ったのはなぜ？　同じことは`calc_amount(items)`というメソッドでもできる。今のコードでも問題はないと思うけど、一応こちらを選んだ判断基準が知りたい。

以前に比べ、コメントの内容がずっと具体的になりました。タマ本が尋ねたい内容も明確で、ポチ田がタマ本のコメントの真意をいろいろと推し量る必要もありません。

レビュイー編

更新されたコメントを見て、ポチ田は嬉しそうに鼻を動かしました。

これなら答えられます！　なーんだ、怒られてたわけじゃなかったんですね。さっきタマ本さんに何て言ってくださったんですか？

ふつうに、「あのコメントってどういう意味なんですか？
このメソッドは使うなってことでしょうか」って聞いただけだよ

率直さは、PRのコミュニケーションでは価値のあるものです。コメントの意図がわからなかったら、そのまま返信で聞けばいいのです。悩みに悩んでお昼休みを無駄にすることはありません。

解説

今回のCaseにおける問題の詳細と改善のコツを見ていきましょう。

問題1 レビューコメントが言葉足らずで、質問の意図が伝えきれていない

タマ本は、2つの選択肢から1つを選んだ理由を聞くつもりで、「このメソッドを使ったのはなぜ？」とコメントしました。しかし、ポチ田にはその意図は全く伝わっていません。これはどうしてでしょう。

▶質問には理由がある

質問には、必ず「**どうしてその質問をしたのか**」という理由があります。しかし、当初のタマ本のコメントでは、その理由や背景の情報がまるっと抜けているのです。そのため、コメントを受け取ったポチ田は理由を想像するしかありません。その結果、「ダメってことかな……」と疑心暗鬼に陥り、質問への答え方もわからなくなってしまいました。

タマ本は、「自分が知っている知識は相手も知っている」「自分が考えるように相手も考えるだろうから説明は不要」と無意識に考えてしまっていたのかもしれません。更新されたタマ本のコメントには、次の改善点が見られます。

- **「[ask]」のように、コメントの意図を明確にするタグを利用する**
- **「2つのメソッドのうち1つを選んだ理由が気になった」と質問の背景・理由を説明する**

- 「今のコードでも問題はないと思うけど」と、批判でないことを明示する
- 「こちらを選んだ理由が知りたい」と、何を答えてほしいかを具体的に示す

レビューコメントで質問を行うときは、「**質問の理由を伝えられているか**」「**何を答えてほしいかを示せているか**」の2点を意識するとよいでしょう。この2点が伝えられていれば、質問を詰問と誤解される事態はぐっと減らせるはずです。

改善のコツ
- ✔ 質問の理由を伝える
- ✔ 何を答えてほしいかを示す

問題2 レビュイーが深読みしすぎて、コミュニケーションを止めている

ポチ田は情報不足の質問に、「ダメってことかな……」と悪い想像を膨らませてしまいました。そして、質問の意図を確認せず、思い悩み続けていました。

テキスト上のコミュニケーションでは、表情や声のトーンなどの情報が伝わらない分、相手の言葉を攻撃的なニュアンスで捉えてしまいがちです。そのため意識して、**文章に書かれている以上の事柄を読み取らない**訓練をしましょう。

もう1つの問題点は、ポチ田が「ダメってことかな……」と思いながら、タマ本にそう確認せずに悩んだままでいることです。これでは、仕事が前に進みません。そのまま無理矢理質問に答えても、タマ本が聞きたかった回答とは異なるちぐはぐな内容になるでしょう。

質問の意図に悩んだときは、率直に尋ねてみましょう。尋ねることで、タマ本も自分のレビューコメントの不備に気づくことができます。

inu_no_pochi

このコメントは、このメソッドは使うべきではないという意図でしょうか?

▶行間を読むことの難しさ

行間を読め、とはよくいわれますが、行間を読む必要のあるコミュニケーションは高コスト、かつ誤解を生みやすいものです。**行間を読む文化を育てるより、行間を読まなくても情報が出揃うコミュニケーション文化を作る**ことを意識しましょう。

文化の形成などというと、大変な仕事に思えるかもしれません。けれど文化を作るのは、PRやチャットツールでの、ひとつひとつは些細なやり取りの積み重ねです。「質問の意図が掴めなかったのですが」から始まる率直な返信が、明確で効率のよいコミュニケーションを作っていくのです。

行間を読む コミュニケーション	情報を明示する コミュニケーション
● 情報不足	● 質問の意図が明確
● 意図の推測が必要	● 背景情報の提供
● 誤解のリスク	● 誤解を防ぐ
● 心理的負担が大きい	● 建設的な対話

図：行間を読む VS 情報を明示する

改善のコツ

- ✔ 文章に書かれていること以上の事柄を読み取らない
- ✔ 質問の意図がわからなかったら、わからなかったことを伝える

関連TIPS

クイズを出さない……p.128
性善説で考える……p.134
チームで共有するタグを作る……p.142

Case 2
説明不足のPR

ある日の昼下がりの静かなオフィス。ポチ田がコーヒー片手にリラックスしていると、コードレビューをしていたタマ本がポチ田に歩み寄ってきました。なにやら難しい顔をしています。

ポチ田さんの出したPRはディスクリプションにissue URLしか貼ってないけど、この状態でレビューしてほしいってこと?

Part 2 実践編

在庫アラーム機能

inu_no_pochi

https://example.com/xxx/xxx/issues/123

ポチ田はちょっとおびえて、耳を後ろに倒しながら答えました。

はい、issueを見ればわかると思って……。

タマ本は難しい顔で首を振ります。

3ヶ月後のポチ田さんはこのPRを見たときにすぐに内容を思い出せますか?　新しいメンバーにもこのディスクリプションの状態でレビュー依頼しますか?

解決のアプローチ

レビュアー編

タマ本は次のようなコメントをして、ミミ沢に意見を求めました。

tamamoto

ポチ田さんが実装していて気になったところや、参考にしたコード、動作確認方法などが書かれているとレビューがしやすくなります。ディスクリプションのテンプレートをチームで話し合って作りましょう。

ディスクリプションのテンプレートを作りませんか?

いいですね! テンプレートがあれば、PRの書き方に迷わなくなりますし、必要な情報の漏れも防げますね。

レビュイー編

ミミ沢さん、ディスクリプションの書き方について相談させてください。

レビュアーがissueやPRをはじめて見ると思って、情報量を揃えることを意識して書いてみてください。

ポチ田は次のようなディスクリプションに修正しました。

inu_no_pochi

概要

issue: https://example.com/xxx/xxx/issues/123
在庫一覧画面で表示されている内容をCSVエクスポートできる機能を実装しました。

動作確認

rails consoleから以下のコマンドを実行してテストデータを作ってください。

```
10.times { |i| Item.create( ...
```

・在庫一覧画面 >「エクスポート」ボタンクリック
　- CSVファイルがエクスポートされること
　- 商品コード順に並んでいること

気になっていること

○○○のところは△△△にするか迷いましたが、□□□という理由からxxxにしています。

参考リンク

・○○○

ディスクリプションが充実し、レビュアーが情報を集めやすい状態になりました。また、コードだけでは読み取れないレビュイーの思考をレビュアーに伝えることで、レビュアーの理解も深まります。

解説

今回のCaseにおける問題の詳細と改善のコツを見ていきましょう。

問題1 PRのディスクリプションにレビューイーから十分な情報が提供されていない

▶情報は誰が持っている？

当初のポチ田のPRには、issueのURLしか貼られていませんでした。しかし、これだけではレビュアーのタマ本はレビューに取り掛かることができません。レビュアーが十分なレビューを行うためには、PRが出された経緯や具体的な動作確認の方法などの情報が必要です。本来、**これらの情報はPRを作成したレビューイーが一番詳しいはずです**。しかし、現在のPRには必要な情報が不足しているため、レビュアーが自分で情報を集めなければならず、多くの労力と時間がかかってしまいます。レビューイーはレビュアーに対して、レビューのために必要な情報を渡す責任があるのです。

レビューイーは持っている情報をディスクリプションにまとめましょう。具体的には、概要、背景、動作確認手順などです。ディスクリプションが充実していると、レビュアーはレビューイーと同じ情報量でレビューを始められます。その結果、レビュアーがキャッチアップする時間を短縮でき開発効率がよくなります。その他にも、数ヶ月後にPRを見返す場合や、開発メンバーが入れ替わり当時の状況を調査する場合に、ディスクリプションの詳細な内容が情報収集の手助けになります。

レビュアーはディスクリプションの内容に対して積極的にコメントして、ディスクリプションの重要性をチームの共通認識にしましょう。すでに内容を知っているissueやPRであっても、はじめて見るつもりでディスクリプションを読んでみると、本来必要なはずの情報の不足に気づきやすくなります。

説明不足の PR

レビュー開始の遅延
確認作業の重複

充実した PR

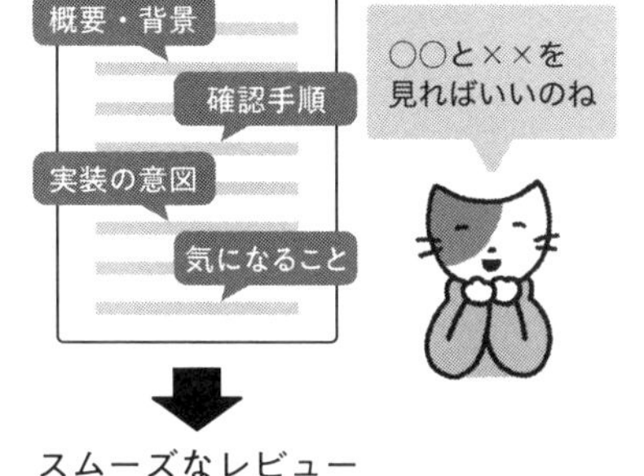

スムーズなレビュー
効率的な確認

図：PRにはレビューに必要な情報をまとめる

▶ディスクリプションに書いておきたいこと

ディスクリプションに書いておくと有用な情報として、概要や動作確認手順などの他に、実装していて悩んだことや気になったことがあります。さらに画像や図を載せて視覚的に情報を伝えるのも有効です。ディスクリプションに書く内容をチームで決めて、テンプレート化することをおすすめします。**テンプレートを作ると、ディスクリプションに何を書くか迷う時間が省略できます。**また、レビュアーへの情報伝達に漏れがないか、俯瞰的に見直すことができます。

▶ディスクリプションを書くタイミング

ディスクリプションを書きやすくする工夫として、以下のようにタイミングを分ける方法があります。

- 作業開始時
  - 未完成（WIP：Work In Progress）であることを明示してPRを作成する
  - 作成したPRのディスクリプションに作戦を書く

- 実装完了時
  - ディスクリプションに「気になっている点」「特にレビューしてほしい点」などの気持ちを書く

このようにディスクリプションを書くタイミングを分けることで、実装前後の差異が明確になり、思考の変化やプロセスを自然に書けるようになります。

改善のコツ

- ✔ ディスクリプションのテンプレートを作成し、情報の漏れを防ぐ
- ✔ 実装時に悩んだ点や判断した理由などの背景情報も記載する

関連TIPS

作業ログをつけて参照場所をリンクする …… p.146
詳細を明示する …… p.164
Before／Afterの画像を載せる …… p.190
テンプレートを用意する …… p.194

Case 3

進捗が遅れているPR

ポチ田が提出したPRでは、タマ本とのコメントのやり取りが続いていました。ポチ田が修正した部分のコードは、元々複雑な実装だったため、レビュアーのタマ本はリファクタリングの提案を行いながらレビューを進めていました。コードを少しでも読みやすくしたいという意図からです。

しかし、そのPRに関連するタスクの期日が迫っていたため、ポチ田はついにタマ本に直接訴えかけました。

リファクタリングしたい気持ちはあるのですが、このPRは急がないといけないのです。

そうだったの？　ごめんなさい、把握できていませんでした。

実はタマ本は、障害対応に追われて多忙だったため、タスクの共有を行っている朝会の欠席が続いており、これが急ぎのPRであることを把握していなかったのです。

解決のアプローチ

レビュアー編

せめてディスクリプションに期日を書いてくれていたら気づいたと思うよ。

すみません、タマ本さんも期日を知っていると思い込んでいました。

また、タマ本はこのままPRのレビューのやり取りを続けていては時間がかかると判断し、ポチ田へ一緒にコードを修正するためのペアプロを提案しました。

レビュイー編

タマ本の指摘を受けて、ポチ田は直ちにディスクリプションに期日を記載しました。

inu_no_pochi

○月△日までにマージしたいPRです。

この翌日、朝会でタマ本が提案をしました。

期日を明示する仕組みを取り入れてみましょうか。

PRのテンプレートにマージ目標を記載する箇所を追加するか、PRにラベルをつけるとよさそうですね。チームミーティングで提案してみます！

解説

今回のCaseにおける問題の詳細と改善のコツを見ていきましょう。

問題1 レビュアーが知っている前提にしている

ポチ田は、レビュアーがリリース期日を知っているものと思い込んで、PR上のやり取りを行っていました。レビュアーが期日を把握していれば、レビュアーのレビューの仕方も変わっていたはずです。

このような場面では、ポチ田のように急いでいることを言い出しにくくなる気持ちもわかりますが、まずは**素直に状況を共有する**ことから始めるべきです。

改善のコツ ✔ レビュアーがPRの期日や状況を知っている前提にしない

問題2 チームメンバーが期日を把握していない

タマ本はチームメンバーでありながら、ポチ田のPRの期日が迫っている状況を把握できていませんでした。これは**期日の共有をレビュイー任せにしていたために起きた問題です**。

▶期日の可視化がチームワークを強化する

チームとしてタスクを完遂させるために、チームで期日への意識を改善する必要があります。そのためには、チームメンバーが**期日を把握できるような仕組みを作る**ことをおすすめします。具体的には以下のような施策が考えられます。

- PRテンプレートに期日を記載する箇所を設ける
- PRのラベルで期日を明示する
- 朝会などで定期的に状況を確認し合う

こうした取り組みによって、レビュイー・レビュアー間での共有・確認の抜け漏れが防げます。さらにチーム内のコミュニケーションが活性化し、問題の早期発見や迅速な対応が可能になります。

さらに、予定通りに進まなかったタスクについては、チームでふりかえりの機会を持つのもよいでしょう。その際は個人を責めるのではなく、フィードバックを集め、今後の見積もりや改善に繋がる建設的な話し合いをしましょう。

改善のコツ ✔ 見える仕組みを作って確認コストを減らす

問題 3 コメントのやり取りだけで進めている

PRレビューは非同期のやり取りが多いですが、今回のケースのように期日が迫っている場合や、複雑な実装の場合は同期的にレビューと修正を行うと効率的に進められます。

また、進捗が遅れそうな場合はすぐに共有し、調整が可能か確認しましょう。

▶遅延がチームに与える影響

進捗の遅れは誰にでも起こり得ます。しかし原因は様々であっても「遅れている」事実に変わりはありません。エンジニアが実装を終えた後の工程には、レビュアー、マネージャー、QA、カスタマーサポート、営業、お客様、お客様の上司など多くの人が関わります。進捗が遅れたときに関係者の行動を取りやすくするためには、**進捗の共有は早ければ早いほうがいい**のです。恐れずに早めに共有しましょう。

改善のコツ

- ✔ レビュアーに協力してもらい同期的なコミュニケーションを取る
- ✔ 進捗が遅れそうなときは早めに共有する

関連TIPS

相談までの時間を決める…… p.150
詰まっていることを伝える…… p.152
期限を明示する…… p.176
ラベルをつける…… p.198

Case 4

考え方・価値観の食い違い

お昼ごはんも終えて少し眠くなる午後の時間帯、タマ本とトサカ井が口論を始めました。ポチ田の眠気も一瞬で吹き飛びます。

どうやら、とあるPRのコメントでの意見の違いが折り合わず、直接口頭で話し始めたようです。

ここの部分をメソッドにするのは冗長すぎるかと。まとめて1行で書けますよね。

読みづらいですよ、なんでもかんでも1行にまとめすぎると若手エンジニアが読みづらくなりますよ。

若手に基準を合わせる必要あります?　冗長な書き方は無駄では?

ですが、このコードはさすがにやりすぎでは?

2人の言い争いにポチ田はオロオロしながらミミ沢に助けを求めました。

まあまあ、2人とも落ち着いてください。

解決のアプローチ

レビュアー編

ポチ田さん、ちょっと来てください、ここの部分を見てもらえますか?

ポチ田はびくびくしながらトサカ井の席で一緒に画面を覗き込みます。

```
Product.where(active: true).map{|p|[p.name, p.price *
(p.discount_rate.presence or p.on_sale? ? common_discount_
rate : 1)]}.to_h
```

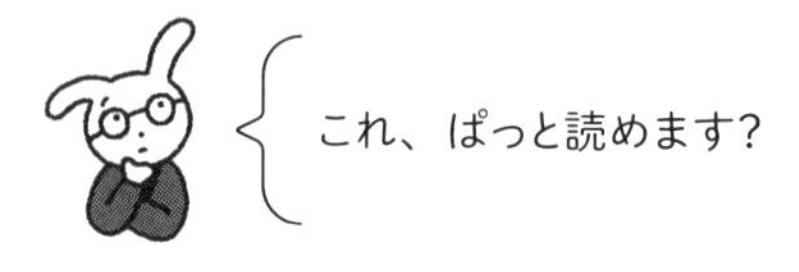

これ、ぱっと読めます?

時間をもらえれば読める……かもしれません。

トサカ井さん、開発チームにはいろいろなメンバーが入る可能性があります。可読性が大事というタマ本さんの意見もおかしくはないと思いますよ。

ミミ沢の仲介のお陰で、その後のトサカ井のコメントは以下のように変わりました。

tosaka

自分だったらこう書きますけど、可読性という視点ならこの書き方のままでもいいと思います。

Part 2 実践編

レビュイー編

タマ本さん、以下のコメントでまず否定していますが、対話として受け止められるとよいと思います。もちろんご自分の意見は伝えてもよいのですよ。

元のコメントは以下の通りでした。

tamamoto

これではダメです。シンプルにしたいのは理解できますが、なんでもかんでも1行にまとめすぎると特に若手エンジニアが読みづらいので。

ミミ沢の仲介のお陰で、トサカ井に再度レビューをもらったときのタマ本のコメントは以下のように変わりました。

tamamoto

確かに、その書き方だと簡潔ですね。しかし、若手がこれをパッと読めるかという心配があります。ある程度の可読性を保ちながらできるだけシンプルに書く方法をちょっと考えてみますね。

解説

今回のCaseにおける問題の詳細と改善のコツを見ていきましょう。

問題1 「正しさ」に対する思い込みが状況に合わない

▶正しさとは？

「正しさ」とは何でしょうか。コードの書き方や設計に唯一無二の正解はありません。全てのプロジェクトやチームに当てはまる「完璧な解決策」というものは存在しないのです。最良の方法は、そのときの状況、プロジェクトの規模、メンバーの技術レベルやスケジュールなど、様々な要因によって変わります。また、開発が進むにつれて、当時はベストと思えた判断でも状況が変わったために適さなくなる場合も多々あります。したがって、**自分の考える「正しい」も状況によっては「正しくない」に変わる可能性がある**ことを理解し、柔軟な姿勢を持つことが重要です。

一方で、**プロジェクト内で一貫性が求められるルールは、コーディング規約として定めておく**と便利です。ただし、コーディング規約自体も「状況によっては見直してよいもの」であることを理解して運用しましょう。

改善のコツ

- ✔ 自分の「正しい」が誰にとっても「正しい」とは限らないことを受け入れる
- ✔「チームとしての動きやすさ」を踏まえたチーム内のルールを話し合う

問題2 持論に固執しすぎて、相手の意見を受け入れられない

自分のコードや提案が否定されると、傷つくこともあるでしょう。しかし、議論の場では価値観を押しつけず、相手の意見に柔軟に耳を傾ける姿勢が大切です。

チームには、経験やスキルレベル、コードの書き方の好みが異なるメンバーが集まっています。個々の基準や考え方が違うのは当然であり、自分の常識が他人の常識とは限らないことを意識する必要があります。意見を押し通すのではなく、相手の視点を尊重することで、よりスムーズなコミュニケーションが実現します。

持論に固執せず、相手の意見に耳を傾ける姿勢を持つことで、対立ではなく建設的な対話が生まれます。異なる視点を取り入れることで、思わぬよい方法が見つかることも少なくありません。お互いの価値観を尊重しながら、ディスカッションを通じてベストな解決策を見出すことが、チーム全体の成長と成果に繋がります。

改善のコツ

- ✔ 意見をいうときは相手の否定ではなく、対話として提示する
- ✔ 相手の視点でも考え、意見に耳を傾ける
- ✔ いろいろな意見を聞くことで自分の考えの幅を広げる

関連TIPS

- 命令しない……p.132
- 相手の意図を断定しない……p.138
- まずは共感を示す……p.140
- 論破ではなく納得を目指す……p.188

Case 5
細かすぎるレビューコメント

チームの朝会前、ミミ沢は前日ポチ田が出したPRを覗いていました。簡単な修正で、対象のファイルも1つです。レビュアーのタマ本からの承認も簡単に出ているだろう、と思ったのですが……。

そんなに問題が起こるほど大きな修正ではなかったはず、とミミ沢は驚きます。タマ本からのコメントは、次のような内容でした。

tamamoto

インデントは2スペース。

tamamoto

コメントには種類に応じて「NOTE:」「TODO:」「HACK:」のいずれかを先頭につけてください。

tamamoto

2行空行にした意図はなんですか？　必要がなければ1行にしてください。

tamamoto

ファイルの最終行は改行コードのみのルールです。

tamamoto

ブランチ名は対応するissue番号_名前から始めてください。
例：153_pochita_add_date_text_to_csv_filename

コードの内容ではなく、形式についての細かい指摘ばかりです。なるほど、とミミ沢は頷きました。

解決のアプローチ

レビュアー編

朝会で、ミミ沢は1つの提案をしました。

このプロジェクトのルールを明文化して、チェックを自動化しましょう。

賛成です。細かいコメントをつけるのも苦労するし。一旦、リポジトリのWikiに基本的なルールをまとめてREADMEにリンクを貼りましょう。自動チェックツールを設定して、コミットごとか、PRごとにチェックすればよさそうです。

タマ本の具体的な提案に、ミミ沢は頷きます。

ルールは運用してみて問題があったら都度話し合って見直しましょう。このプロジェクトにちょうどいいルールを育てていくつもりで始めてみましょう。

レビュイー編

山のようなコメントをもらって落ち込んでいたポチ田ですが、ルールの明文化の話を聞いて少し元気を取り戻しました。

こんなルールがあるなんて全然知りませんでした……。プロジェクトに参加したときに確認するべきでした。でもうっかりすることもあると思うので、自動でチェックしてくれるなら嬉しいです。

新しいプロジェクトに入るときに、プロジェクトのルールを意識するのは大切です。プロジェクトに入ったときに、ルールがアクセスしやすい場所に明文化されていなければ、まずどのようなルールがあるのかをプロジェクトメンバーに確認しましょう。未来のプロジェクトメンバーのために、明文化したルールをわかりやすい場所に置くことを提案できるとさらによいでしょう。

解説

今回のCaseにおける問題の詳細と改善のコツを見ていきましょう。

問題1 明文化・共有されていないルールに基づいてコメントしている

プロジェクトには一般的に、プロジェクトごとのルールがあります。例えば、インデント数や許容する空行の行数、コメントの書き方、Gitブランチの命名方法などです。しかし、そのルールが暗黙的で、新しく参加したメンバーに共有されていなければ、はじめのほうのPRはそのルール違反への指摘で埋め尽くされてしまうかもしれません。

本来、これらのルールはプロジェクト参加時に新メンバーに伝えられるべきものでしょう。しかし、**コーディングの細かいルールは意外と明文化されていなかったり、既存メンバーも言語化していなかったりする**ものです。

共有されていないルールに基づいてダメ出しのコメントをされた場合、ポチ田のように、レビューされた側は不安や不満を感じるでしょう。レビューする側も、いちいち「当然のこと」を指摘しなければならず、苛立つかもしれません。

▶ プロジェクトのルールは、いつでも見られる場所に

ミミ沢は、ルールの明文化を提案し、タマ本はそのルールをGitHubのWikiに書いてREADMEにリンクを追加することにしました。

開発

- 開発環境構築（Dockerを使わない場合）
- Dockerの使い方
- 手元でデプロイスクリプトの動作環境を作る場合
- 動作確認環境
- コーディング規約
- ステージング・本番環境での操作

図：READMEに追加されたリンク

このように、普段からメンバーが意識しやすい場所にルールを整理し明文化しておけば、新規メンバーにとってもルールをキャッチアップしやすくなります。参照しやすいところにルールがあれば、ポチ田もPRを出す前に気づけたでしょう。また、ルール違反に気づいたタマ本も、ルールへのリンクを貼るだけで済みます。

ルールを明文化する際に重要なのは「**ルールを作ってそのままにしないこと**」そして「**メンテナンスを続けること**」です。ルールを定めるにあたって、気をつけたいアンチパターンがいくつかあります。

- 完成しないルール
  - 最初に全てをルール化しようとして書ききれず、頓挫してしまう

- 細かすぎるルール
  - 誰も厳密なチェックができず、そのうち形だけのルールになってしまう

はじめに定めるのは最小限のルールが望ましいです。レビューをしているうちに、「そういえばこれはルールに書いていないけど暗黙的に決まっているな」と思うことがあれば、チームの合意を取って追加します。逆に「このルールは不要では？」と思うなら、これも都度チームで話し合いましょう。メンバーの間で議論を重ねることで、どんな価値観で、何を重要視してプロジェクトを進めるのかという認識が深まっていきます。もちろんこれは一度きりのプロセスではなく、都度、再検討のサイクルを回していきます。**ルールの整備のサイクルを通して、チームの文化を育てる**のです。

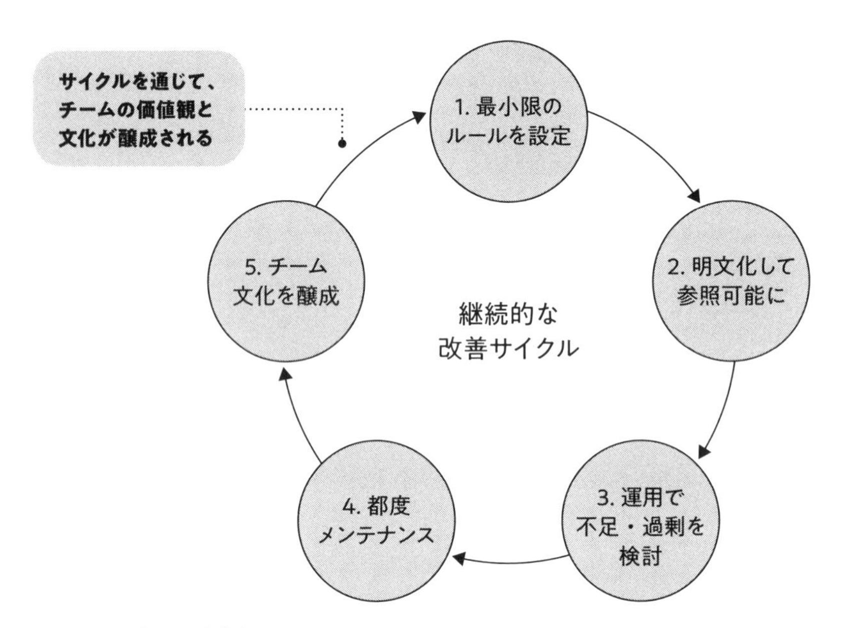

図：チーム文化を醸成するサイクル

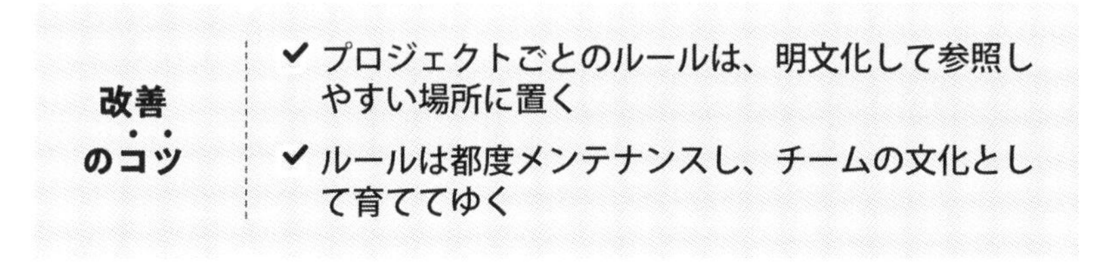

問題2 自動化できるチェック項目をレビュアーが指摘している

もう1つの問題は、機械的にチェックを自動化せず、レビュアーのタマ本が指摘しているところです。

▶チェックの自動化はレビュアー・レビュイーの双方を助ける

改善を促すコメントは一般的に、人間から受けるより、機械的にチェックされたほうが心理的負担が軽くなります。**ツールからの指摘であれば、相手の心証を慮ったり、謝罪の必要を感じたりせずに済む**からです。

また、レビュアーの指摘の手間も省けます。人間ならあって当然の見落としも、ツールであればくまなくチェックすることができます。

インデント数、空行の数など、コーディングのルールはLinterと呼ばれるチェックツールで確認できます。**Gitのpre-commitやGitHub Actionsと組み合わせる**ことで、柔軟な内容を自動的にチェックする方法も用意されています。自動チェックは、プロジェクトのルールと連動して運用します。ルールの変更があった場合は、ツールの設定にも変更を反映しましょう。ルールとともに、ツールの設定も育ててゆくのです。

改善のコツ

- ✔ 機械的にチェックできる項目のチェックは自動化する
- ✔ チームのルールと一緒にツールの設定を育てていく

関連TIPS

- Lintツールを入れる……p.144
- 聞きたいことを絞る……p.180

Case 6

Lintツールのいいなりの修正

ポチ田たちの開発チームでは、自動チェックとしてLintツールを導入しています。Lintツールはコードを分析してエラーやスタイルの問題を指摘するツールです。Lintツールは、開発チームのコーディング規約に合わせて設定をカスタマイズできます。また、特定の箇所でルールを一時的に無効化することもできます。

ある日、ポチ田が書いたコードに対してLintツールが警告を出しました。

```
Lintエラー：MethodLength
def note_params
  params.require(:note).permit(
    :xxx,
    :xxx,
    (複数のパラメーター)
```

メソッドの長さ（行数）がルールを超えていることを指摘するエラー

Linterに怒られちゃった。メソッドの長さが長すぎるなら、メソッドを分割すれば怒られないよね。

ポチ田はメソッドを分割して、Linterが警告を出さないように修正しました。すると、そんなポチ田のもとにレビュアーのタマ本からコメントが届きました。

tamamoto

ここで別のメソッドに書き出しているのはなぜですか？

ポチ田はLinterの指示通りに修正したのですが、タマ本の指摘を受けてはじめて、その修正には明確な理由がなかったことに気づいたのです。

Linterのいいなりになるのはダメなんだ……。

解決のアプローチ

レビュアー編

タマ本はLintルールを見直す必要があると考え、Lintルールを無効にしている箇所のコードや、無効にした箇所の件数を洗い出しました。

プロジェクト全体のLintルールの状況を調べてみたところ、よく無効化されているルールがいくつかありました。既存のルールの見直しと、新しいルールの追加も検討してみませんか？

チームでLintルールを見直す会を設定しましょう！

レビュイー編

ポチ田さんはなぜLintを無効にしたのですか？

警告されたメソッドをLintツールの警告通りに分割すると、コードの可読性が損なわれると考えて、今回のケースでは修正する必要がないと判断しました。

ポチ田は次のようにコードを修正していました。

```
# xxxlint:disable MethodLength
def note_params
  params.require(:note).permit(
    :xxx,
    :xxx,
    (複数のパラメーター)
# xxxlint:enable MethodLength
```

いい判断ですね。PRのコメントにも理由を記載しておいてください。

今回のレビューを通して、Lintツールの警告を機械的に直すだけじゃダメだと気づきました。解決策を都度考えて選択するようにします！

解説

今回のCaseにおける問題の詳細と改善のコツを見ていきましょう。

問題1 Lintツールの警告をクリアすることしか考えていない

Lintツールは、チームで一貫したコーディングスタイルを実現するための有効な手段です。Lintツールの利用は、コードを読みやすくし、コードの品質を向上させるのに役立ちます。さらに、警告を自動的に出すよう設定すれば、コードレビューの負担軽減にも繋がります。

▶コンテキストを考慮して最適解を探す

しかし、Lintツールが発する警告や提案は常に最適な解決策であるとは限りません。レビュイーのポチ田が書いたコードに対して警告された内容もその1つでしょう。

レビュイーは、Lintツールの警告をそのまま受け入れるのではなく、コードの文脈や要件を考慮して判断しましょう。さらに、コーディングルールを設定する理由やベストプラクティスを理解することも大切です。

今回は、ポチ田が書いたコードの箇所のみMethodLengthルールを無効にする判断を行いました。チームでの運用としてはいくつかの選択肢があります。

1. 現状のルールを維持し、必要な箇所で個別に無効化する
2. チームのコードベースに合わせてMethodLengthの上限値を調整する
3. ルール自体をオフにして、レビュー時に人の目で判断する

特に2番目のアプローチは、チームの実情に合わせた柔軟な対応が可能です。ルールを「適用するかしないか」という二択ではなく、「**どの程度の長さまで許容するか**」というようにチームにとって適切な値を段階的に探していくことが重要です。

▶未来のチームのために残しておく

Lintルールを記載するファイルには、**ルールをオフにしている理由をコードコメントとして残す**のをおすすめします。コメントがあれば、新たな開発メンバーがLintルールの確認を行う際や、チームでルールに関する議論が生じたときに、その背景を理解しやすくなります。

```
Layout/AccessModifierIndentation: # 流派が分かれる
  Enabled: false
Style/EmptyMethod: # 空であることを強調するときや一時的なとき、レイアウトを固定化したいときなどがある
  Enabled: false
Style/IfInsideElse: # ifをマージしないほうがわかりやすいことがある
  Enabled: false
```

改善のコツ

- ✔ Lintツールからの警告は、コードの文脈を考慮して反映するかどうか判断する
- ✔ チームの状況に合わせてLintルールの調整や見直しを定期的に実施する

関連TIPS

- Lintツールを入れる……p.144
- 自分の考え・意見を添える……p.158

Case 7

「あの人が言っているから大丈夫」という思考停止

ポチ田が、自分の出したPRを確認しています。タマ本から1つだけコメントがついていました。

tamamoto

この値は初期状態で規定値以上がセットされるはずなので、規定値以上かどうかのif文は不要かもしれません。

ふんふん、と頷き、ポチ田はコメントのついた値チェックのためのif文を消してコミット、リモートブランチにpushしました。

inu_no_pochi

ありがとうございます。消しました。

しかし結果として、CIのテストが落ちることに。指摘の内容が誤りで、値チェックは必要だったのです。ミミ沢が、長い耳をポチ田に向けて尋ねます。

ポチ田さん、さっきの修正ってコミット前に自分で考えました?

でもタマ本さんのコメントが……。いや、すみません、元に戻します。

解決のアプローチ

レビュアー編

CIが落ちた後、タマ本からはこんなコメントがつきました。

tamamoto

コメントが間違っていたみたいですみません。未検証でした。確認をお願いします。

タマ本は、未検証の状態でコメントをつけたことを素直に謝りました。

レビュイー編

ポチ田はしょんぼりと、最後の修正を元に戻します。落ち着いてコードを見直すと、やはり値チェックは必要なことがわかりました。値チェックが必要になる流れを、コードを整理してわかりやすくし、コメントを追加した上で、改めてコミットし、pushします。そして自動テストが無事に通ったことを確認してから、恥ずかしそうに返信しました。

inu_no_pochi

きちんと確認せずに修正して申し訳ありませんでした。今回ご指摘をいただいて検証したところ、このメソッドが呼ばれるのは以下の2つのケースでした。

A：自動処理においてメソッドが呼ばれ、指定の値がない場合に初期値が引数として使われる（コードへのリンク）
B：ユーザーの入力がそのまま、メソッドに引数として渡される。この場合は基準値以下であれば無効としてエラーを返し、ユーザーに警告する（コードへのリンク）

今回はBの場合のためにチェックは必要でした。

調べた内容をコメントに書くことで、タマ本とも理解を共有できました。

解説

今回のCaseにおける問題の詳細と改善のコツを見ていきましょう。

問題1 レビュアーが、動作を未検証のままコメントしている

▶コメントのコードにも責任を

レビュアーの問題点は、もちろん未検証のままコードの改善提案をしたことです。**たとえコメントの中の提案レベルであっても、レビュアーとしてコードに責任を持つ**のが望ましいでしょう。

ただし、改良が可能だと思った点をコメントするのは、望ましい行為です。改良の提案そのものは躊躇せず行いましょう。

改善のコツ	✔ 自分を信じすぎず、動作確認のできたコードを提案する

問題2 レビューイーが、レビューコメントを鵜呑みにしてそのまま修正した

レビュアーの未検証がより問題化したのは、レビューイーのポチ田が、指摘内容を鵜呑みにして、確認・検討を行わずに修正したからです。タマ本はポチ田よりプログラマーとしての経験年数が長いベテランです。このプロジェクトについても、入ったばかりのポチ田よりずっと詳しいでしょう。それでも、人間には間違いがあります。**「あの人が言っているから大丈夫」はない**のです。

▶PRに最終的に責任を持つのはレビューイー

PRの内容は、プロダクトの一部となるべきコードを書いた側がしっかりと理解・把握しておくべきです。他人任せにして思考停止してはいけないのです。今回はCIのテストがあったため、エラーケースを把握できました。ですが、もしテストケースがカバーしていなければ、バグの入ったままプロダクトがリリースされ、損害に繋がっていたかもしれません。

プロダクトのリリースは、チーム全体の責任です。ですがそれは、自分の書いたコードをレビュアー任せにしていいという意味ではありません。**自分の書いたコードは自分が一番理解し、責任を持つ**立場であろうとしましょう。

レビュアーが先輩や上司であった場合、レビューイー側から誤りを指摘しづらい、という気持ちになるかもしれません。ですが、プロジェクトにおいて大事なのは、自分たちがプロダクトの品質を保証できるチームであることです。ポチ田のように、レビューが誤っている根拠をきちんと調べ、客観的・中立的な言葉づかいで伝えましょう。誤った指摘をしたレビュアーの知見も増やすことができ、どちらも得をする結果になります。

「常に責任を持つなんてできるかな……」と心配になる人もいるかもしれません。気構えの話が先になってしまいましたが、**求められる行動は「自分でコードの確認をする」だけともいえます**。自分でコードの動作を確認する「行動」が、品質を担保するとともに、コードそのものへの理解を深めます。それだけではなく、コードへの責任感を醸成し、チーム全体の知見を引き上げる効果もあります。テストコードの追加であれ、軽微な修正であれ、まずはコードの動作確認から行動に移してみるのもいいでしょう。

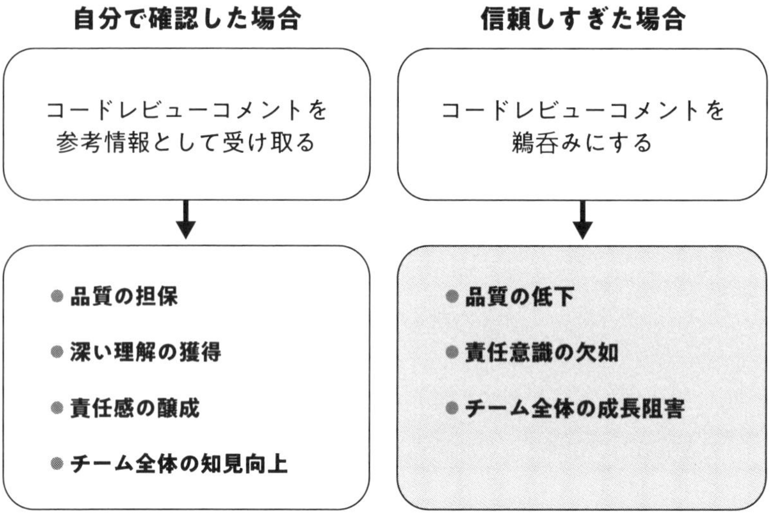

自分で確認した場合

コードレビューコメントを
参考情報として受け取る

↓

- 品質の担保
- 深い理解の獲得
- 責任感の醸成
- チーム全体の知見向上

信頼しすぎた場合

コードレビューコメントを
鵜呑みにする

↓

- 品質の低下
- 責任意識の欠如
- チーム全体の成長阻害

図：行動が質を担保する

また、ベテランのレビュアーでも間違えるということは、そこに問題が潜んでいる可能性もあります。Case13「コメントへの訂正情報の不足」（p.096）ではそのようなケースを紹介しています。

改善のコツ

- ✔ どんなに信頼できるレビュアーからのコメントでも鵜呑みにしない
- ✔ 自分で確認・納得してからコードを変更する
- ✔ 自分の変更したコードの責任は自分が持つ

関連TIPS

根拠がないなら根拠がないことを添える……p.162
「念のため」の確認をする……p.168

Case 8

質問コメントに答えない修正PR

朝出社してポチ田がパソコンを起動すると、昨日出したPRにタマ本からのコメントがついていました。

tamamoto

ここはどうしてeach_with_indexではなくeachを使ったのですか？

エンジニアとしての大先輩からの指摘です。文面からどうやら苛ついているようにも見えます。ポチ田は「そうか、ここでeachは使ってはいけないんだ、each_with_indexを使わなければ」と思い、慌てて修正PRを送りました（※1）。

inu_no_pochi

each_with_indexを使うように直しました！

これでタマ本からLGTM（Looks Good To Meの略で直訳すると「私にはよさそうに見える」という意味。レビューのフィードバックでよく使われる表現）が来ると思っていたポチ田へチャットのダイレクトメッセージでタマ本からメッセージが来ます。

さっきのPRですけど、何が何でも直せといったつもりはなくて、なぜeachを使ったのかという考えを聞きたかったのですが……。

※1 「each」は配列の要素を1つずつ取り出すメソッド。「each_with_index」は配列の要素と要素の番号を取得するメソッド。

ポチ田は混乱してしまいました。

考えってどういうこと？　言われた通り直したのになんでそんなこと聞くんだろう……？

解決のアプローチ

レビュアー編

タマ本が尻尾をたらし、ミミ沢に相談しています。

なんか僕の書き方って新人を怖がらせてしまうみたいなんですよね。そんなつもりは一切ないのですが……。

あー、なるほど。どうも経験が浅い人ほど、レビュアーからのコメントを指摘や批判と受け取ってしまいやすいみたいです。

でも私のコメントを何回読んでも自分には質問しているようにしか思えません。どういう聞き方をしたら意図通りに伝わるのでしょうか？

「これは単なる質問なのですが」「ただ知りたいだけなのですが」という前置きをつけて質問であるということがわかるようにすると和らぎますよ。また、「経緯が知りたい」「意図が知りたい」と質問の意図をはっきり添えるのもよいと思います。

なるほど！　次からはそれを意識して書いてみます！

後日、別のPRでのタマ本の指摘コメントは以下のように変わりました。

tamamoto
質問なのですが、ここでpresent?ではなくexists?を使った意図があれば教えてください。

レビュイー編

すみません、僕の何が悪かったのでしょうか……。

タマ本から思わぬダイレクトメッセージが来て、しょんぼりしてしまったポチ田はミミ沢に相談します。2人はコメントが表示されている画面を一緒に覗き込みました。

ポチ田さん、まず深呼吸をして、このコメントを3回読み直しましょう。何を聞かれていますか？「直せ」と書いてありますか？

!

このコメントは「どうして〜使ったのですか？」という質問です。それについては「なぜなら〜」で始まる文章で答えると噛み合った対話になると思います。「なぜなら、each_with_indexというメソッドを知らなかったからです」などです。特に理由がなければ「特に理由はありません」「この書き方しか知りませんでした」などでも大丈夫ですよ。

わかりました、やってみます！

そうして、ポチ田の返事は以下のように変わりました。

inu_no_pochi

すみません、each_with_indexというメソッドを知りませんでした。each_with_indexのほうがよければ修正します。

tamamoto

そうですね、そのほうがすっきり書けると思いますのでぜひお願いします！

ポチ田は「each_with_index」のメソッドを調べ、それを使って書くように修正しました。

解説

今回のCaseにおける問題の詳細と改善のコツを見ていきましょう。

問題1 コミュニケーションの意図がずれている

レビュアーが意図を聞くために質問したのに対し、レビュイーが指摘と受け取ってしまったというミスコミュニケーションです。この問題についてはCase1「緊張感のあるレビューコメント」（p.036）に詳しい解説があるので、改めて参照してみてください。

問題2 対話をせず指摘を即座に修正しようとしている

ポチ田のように、指摘を受けたと思いすぐに修正しようとする姿勢は、一見真面目で素早い対応に見えますが、そこには**「指摘をクリアすることがゴール」という態度も見えます**。これでは、議論に進めず、チームで取り組む品質向上の妨げになってしまいます。

コメントや質問を受けてすぐに修正に取り掛かるのではなく、「どうしてこの書き方について質問があったのか？」「相手は何を知りたくて質問しているのか？」と一旦立ち止まり、それがぱっとわからない場合はぜひ確認しましょう。まず意図を聞いてみることで、相手の考えが理解でき、よりよい解決策が見つかるかもしれません。

そしてレビュイーは質問、指摘に対して**「どのような意図でそのコードを書いたか」を自分の言葉で伝える**よう心がけましょう。自分なりの理由を示した上で「こう考えてeachを選んだのですが、each_with_indexのほうがよいですか？」などと質問することで、相手を置いてきぼりにせずに建設的な意見交換ができます。これは、エンジニアとして知識を広げ、有用な経験を積める大事なチャンスです。

自分のコードの意図や理由を相手に伝えることは、チームメンバーとしての役割の一部です。明示的に言語化することでなぜその方法を選んだのかを振り返り、自覚することができます。そして、それを共有することがチーム全体の開発力の向上に繋がるでしょう。

また、若手がこのような聞き返しをしやすいよう、普段から対話をしやすいチーム作りを心がけることももちろん必要です。そして、レビュアーも読んだだけで意図が伝わるような丁寧なレビューを心がけましょう。

改善のコツ

- ✔ 指摘を受けた際に意図を確認する
- ✔ 自分の考えを持って意見を述べる
- ✔ 指摘をクリアすることをゴールにしない

関連TIPS

- 相手の意図を断定しない …… p.138
- チームで共有するタグを作る …… p.142
- 自分の考え・意見を添える …… p.158

Case 9

レビューポイントがわかりにくいPR

タマ本にレビュー依頼が来ました。ポチ田のPRです。

inu_no_pochi

このPRでは次のことをやりました。

・表示テキスト修正
・おすすめ商品選出ロジック変更
・おすすめページヘッダ画像の差し替え
・マニュアル修正
・インデント統一
・ワーニング対応

タマ本は、ファイルの差分を見てうなります。変更ファイル数は69。ほとんどがインデントの修正で、どこにロジックの差分があるか見つけるのが困難です。

タマ本は、コミットが分かれていることを期待しました。しかし、無情にも、コミットは全て1つにまとめられていたのです……。

解決のアプローチ

レビュアー編

タマ本は、1つ深呼吸し、顔を毛繕いして気を落ち着かせました。そして、次のようにコメントをつけました。

tamamoto

このPRで、一番私のレビューが必要なのは「おすすめ商品選出ロジック変更」かと思います。どこが関連変更箇所かをコメントで教えてください。

また、次回から以下の点をお願いします。
・変更内容ごとにコミットを分ける
・ロジックの変更の根拠を示す
・重点的にレビューしてほしいポイント、不安なポイントがあれば一言添える

タマ本のコメントは、レビュイーに期待することを簡潔に伝える内容です。

レビュイー編

ポチ田は慌てて次のディスクリプションを追加しました。

inu_no_pochi

主にレビューをお願いしたいポイントは以下の通りです。

・おすすめ商品の選出ロジックはissue（https://example.com/issues/233）の通りになっているか
・効率的なクエリの発行ができているか（よりよいクエリになる書き方がないか）

選出ロジックの変更箇所は以下です。
https://example.com/animal-happy-com/shouhin-uritai/pull/42/files#diff-…

そしてチャットツールで、ディスクリプションを更新したことをタマ本に伝えました。タマ本はスタンプでリアクションした後、レビューポイントに集中してレビューすることができました。

解説

今回のCaseにおける問題の詳細と改善のコツを見ていきましょう。

問題1 「何のためにどこを変更したか」がわかりづらい

▶変更の目的ごとのコミット

目的の違う複数の変更をひとまとめにしてしまうと、1つずつの変更の意図がわかりにくくなります。バージョン管理ソフトウェアのメリットは、コミットを分けて、1つの変更意図に対して1つのまとまりを作れる点にあります。

ポチ田は「表示テキスト修正」「おすすめ商品選出ロジック変更」など、変更内容を6つリストアップしていました。そのため、最低6つのコミットに分けることが望ましいでしょう。そうすれば、レビュアーのタマ本は「おすすめ商品選出ロジック変更」というコミットをたどって、レビューするべきコードを見つけられます。

▶コミットと理由の紐づけ

さらに、変更の根拠となった要望や仕様についても明記しましょう。大切なのは、コードを書いた自分以外の人間が、**後から見ても変更意図と変更内容を結びつけられる**ように配慮することです。例えばレビュアーや、数年後に「どうしてこのコードはこうなっているのだろう」と疑問に思って変更履歴を追うプログラマーも、コミットが適切に分けられ、さらに変更理由についてリンクの貼られたPRを見れば、欲しい情報をすぐに見つけられます。

改善のコツ

✔ 後から見ても変更意図と変更内容を結びつけられるように配慮する

問題2 レビュアーにチェックしてほしいポイントがわかりづらい

▶重要な点をピックアップする

最初のポチ田のディスクリプションは、変更内容のみを平坦にリストアップしたものでした。その中には、「おすすめ商品選出ロジック変更」という重要な変更も、「インデント統一」のようなプログラムの挙動とは関係のない変更とともに並べられています。

実際にポチ田がタマ本にレビューしてほしかったのは、以下の内容です。

- **おすすめ商品の選出ロジックが仕様を満たしているか**
- **効率的なクエリの発行ができているか（よりよいクエリになる書き方がないか）**

これらの要望はディスクリプションできちんと明示しておくことが重要です。レビュアーはレビュイーの心を読めるエスパーではありません。不安に思っていること、意見を聞きたいことについては、はっきりと具体的に伝えることを心がけましょう。

改善のコツ
✔ レビューしてほしいポイントを具体的に伝える

関連TIPS

- わからないレベルを伝える……p.154
- 詳細を明示する……p.164
- 何をして欲しいかを伝える……p.166
- テンプレートを用意する……p.194

Case 10
気を遣いすぎたレビューコメント

ポチ田は、タマ本が出したPRを見ています。その中に、気になる変数名を見つけました。

```
aicon = user.icon
```

うーん、とポチ田は悩んで尻尾を丸めました。iconのタイポに見えます。でも、もしかしたら何か意図があるのかもしれません。なにしろ、経験の長いタマ本のコードなのですから。

悩んだ末、ポチ田は長い時間をかけて、次のようにコメントしました。

inu_no_pochi

お疲れ様です！　私はこのプロジェクトについて経験が浅く、ドメイン知識も乏しいため間違っている可能性が高いのですが、1つ気になる点がありまして、コメントというより質問させてください。aiconという変数名なのですが、これはどういった単語でしょうか？　辞書を引いても該当単語がなく、a iconかなとも思ったのですが、英語ですとan iconですし、タマ本さんならa_iconにされるかなとも思いますし……。お忙しいところ恐縮ですが、経験の浅いメンバーに情けをかけると思って、お教えいただけると幸いです。

そのコメントを見たタマ本が、半笑いでポチ田に声をかけます。

ポチ田さん、これ、イヤミのつもりじゃないんですよね?

解決のアプローチ

レビュアー編

ポチ田は赤面して、自分のコメントにコメントを追加しました。

inu_no_pochi

すみません、typoの指摘です。

コメントの意図がはっきりして、読む側のストレスが軽減されました。

レビュイー編

タマ本からは、こんな返信コメントが届いていました。

tamamoto

typoでした。気づいてくれて助かりました。typoでない場合はそのように意図を説明するので、もっと気軽に指摘してください。

ポチ田はほっとするとともに、反省しました。あまり遠慮がちなコメントも、相手を信頼していない失礼な態度になってしまうと気づいたからです。

解説

今回のCaseにおける問題の詳細と改善のコツを見ていきましょう。

問題1 レビュアーとレビュイーの間に信頼関係が築けておらず、レビュアーが萎縮している

問題2 レビュアーが気を遣いすぎて、まわりくどいレビューコメントになっている

この2つの問題は、原因と結果が似ている側面があります。一緒に見ていきましょう。

▶まわりくどいコメントは信頼関係の欠如の証

ポチ田のまわりくどくて長いコメントには、次のような欠点があります。

- コメントの意図が読み取りづらい
- コメントを書くのにも答えるのにもコストがかかる
- 関係性によっては嫌味と捉えられかねない

ポチ田がこのように長いコメントを書いたのはなぜでしょう。それは、レビュイーであるタマ本との間に、**「間違ったコメントをしても大丈夫」という信頼関係を築けていない**からです。もし間違ったコメントをしたら、叱責されるかもしれない、プログラマーとしての信頼を損ねるかもしれない、という恐れが先回りした予防線を張らせます。結果、長々とした主旨のとりづらいコメントができあがるのです。

理想的なのは、以下のようなやり取りでしょう。

inu_no_pochi

iconのtypo ですか？

tamamoto

typoでした。気づいてくれて助かりました。

typoでなかった場合も、次のような返信になります。

tamamoto

意図的にaiconとしています。その理由は～（中略）。確かに、わかりにくいと思うので、コメントを足しておきます。

▶信頼関係はひとつひとつのやり取りから

しかし、このようなやり取りができないからといって、レビュアーのポチ田を責めても意味はありません。問題の根幹は、レビュアーとレビュイーの間の信頼関係がまだうまく築けていないところにあるからです。レビュアーを責める言葉は、信頼関係を損ねることはあっても、信頼関係を育てることは決してありません。

レビュイーは、**レビュアーから予防線を張ったコメントがついたら、信頼関係を改善すべきだというサイン**だと捉えましょう。信頼関係を築いていくのは、ひとつひとつのコメントの返信やそこから始まるやり取りです。

▶率直な言葉でコメントしてもらって構わないと伝える

コメントの内容が間違っていたとしても、そのコメントには価値があることを、自分から率直な言葉で伝えていきましょう。

レビュアーは、自分が過剰に長いコメントを書いていないかを気にしましょう。もし自分のコメントが長すぎると感じたら、それが不安や疑心暗鬼による予防線でないかを考えてみましょう。長すぎるコメントは、読み手にも負担をかけ、時には悪い意味にとられてしまうこともあります。その欠点を意識して、もっと短く率直な表現にできないか、勇気を持って考え直してみましょう。

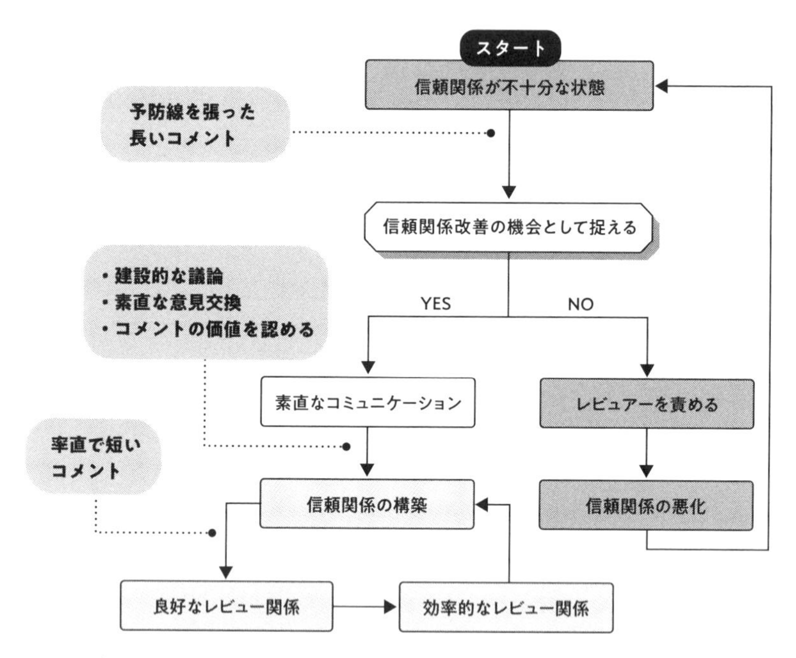

図：レビューの信頼関係を構築する流れ

改善のコツ

- ✔ 相手を信頼して、率直な言葉を選ぶ
- ✔ 率直な言葉でコミュニケーションして問題ないことを、相手に伝え続ける

関連TIPS

- 性善説で考える……p.134
- 遠回しに言わない……p.156
- はい・いいえで答えてもらう……p.184

Case 11

レビューされないPR

多くの開発メンバーが長期休暇を取る中、手が空いていたポチ田は、開発者向けログの出力内容を改善するPRを作りました。

ログを見やすくする

inu_no_pochi

概要

・開発者向けログの出力内容を改善

やったこと

ログの出力内容に在庫ステータス情報を追加しました。在庫エラー調査の際に、ステータス情報をログに出力することで、エラーの原因を特定しやすくするためです。

⋮

他のメンバーが長期休暇中のため、レビュアーの指名は見送りました。また、開発の利便性のための改善で、特に要望されたものではなかったため、レビュー期限も設定しませんでした。

後日、PRを見たタマ本がポチ田のところへやってきました。

このPRはレビューされてないけど、どんな内容のPRですか?

ポチ田は自慢げに胸を張ります。

在庫チェックエラーの調査をしやすくするために在庫ステータスをログに出力しました。

タマ本はポチ田に少し感心しました。

ありがとう、いい取り組みですね！　ただ、PRのタイトルを見ただけでは内容がわかりにくいので修正したほうがいいですね。

確かに……タイトルが簡潔すぎて、何をやったかタイトルだけだと伝わりにくかったです。

それと、このPRはレビューできる状態ですか？　そうであれば、レビュアーを指名してマージまで持っていきましょう！

実践編

解決のアプローチ

レビュアー編

タマ本は朝会で提案をしました。

レビュー可能なPRのリストを、毎日チャットツールに流して通知してみるのはどうですか？

やってみましょう！　レビュー待ちのPRが蓄積されていないか簡単に確認できますね！

レビュイー編

そして、ポチ田はPRのタイトルを修正しました。

在庫エラー調査をしやすくするために
ログに在庫ステータスを出力する

inu_no_pochi

⋮

タマ本さん、このPRのレビューをお願いします。次スプリントをマージ目標としています。

解説

今回のCaseにおける問題の詳細と改善のコツを見ていきましょう。

問題1 何のためのPRかわかりにくい

ポチ田が作成したPRのタイトル「ログを見やすくする」は、何のために・どんなことをしたPRなのかがわかりません。

▶よいタイトルはレビュアーのためにも自分のためにもなる

PRのタイトルはレビュアーにPRの内容を伝えるための重要な要素です。PRの目的や内容を読み取れるタイトルにすると、GitHubのPRの一覧画面や、チャットツールのPRリスト通知などを見た際に、一目でPRの概要がわかるようになります。

わかりやすいタイトルをつけた結果、例えば、タイトルを見てすぐにレビューできそうなPRだと判断され、レビュアーでないメンバーがレビューしてくれることや、実装した機能に詳しいメンバーがコメントをしてくれることもあるでしょう。

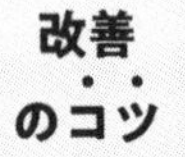

✔ PRの目的や内容を把握できるタイトルをつける

問題2 PRのレビュアー、期限を決めていない

▶優先度や緊急度が低くてもレビュアーと期限は決めておく

レビューされないままPRが放置されると、他の機能との統合時に予期せぬ問題が起きたり、メインブランチと衝突しマージが困難になったりすることもあり得ます。他にも、レビュイー自身が実装内容を忘れてしまい、レビュー時に再びキャッチアップが必要になる場合もあるでしょう。

PRが適切なタイミングでレビューされ、効率的にプロジェクトを進めるために、**PRをオープンしたら必ずレビュアーに期限を伝えましょう**。PRのテンプレートやラベルにマージ目標を記載する方法もあります。

▶マージまで責任を持つ

レビュイーはPRを作成した後、レビュアーの対応を待つだけではなく、進捗を確認したりフォローアップをしたりして、マージまでスムーズに進行するよう努めましょう。いつまでにマージしたいかレビュイーとレビュアーで調整するプロセスを設けるのも有効です。

改善のコツ

- ✔ レビュアー・期限を設定する
- ✔ 作成したPRはマージまで自分が責任を持つと考える

関連TIPS

- 何をして欲しいかを伝える……p.166
- 箇条書きを使う……p.200
- レビュアーを指名するロジックを作る……p.202

Case 12

前提が揃っていないPR

とある日の終業時間間近、ポチ田はPRを作成しタマ本にレビュー依頼をしました。

通知機能の追加

inu_no_pochi

特定条件の在庫のみ通知を行う機能を実装

通知を行う条件

-○○○○
-○○○○
-○○○○

予定があり早く退勤したいと思っていたタマ本はさっそくレビューを開始しました。しかし想定通りに動作しないため、タマ本はひげをピクピクさせながらPRにコメントをしました。

tamamoto

ディスクリプションに記載の条件で在庫を登録しましたが通知されませんでした。ディスクリプションの記載以外にも操作が必要ですか？

ポチ田はタマ本の苛立ちを察知し、タマ本のデスクまで急いで向かいました。

タマ本さん、この機能は通知をONにして管理者ユーザーでログインしないと通知は出さないんです。ペアプロやってもらったから、わかっていると思ってました……。

解決のアプローチ

レビュアー編

PRのテンプレートに、QAが作成した動作確認手順書のURLを載せてみてはどうですか？　動作確認手順の書き方の参考になると思います。

そういって、タマ本はテンプレートに次のような記述を書き加えました。

> ※[QA確認手順]に記載できる程度の動作確認手順（前提条件・操作・期待値）を記載してください

いいですね、取り入れてみましょう！　動作確認手順の粒度が統一されることで、新しいメンバーやエンジニア以外のメンバーも動作確認の手順が理解しやすくなりますね。

レビュイー編

ポチ田はテンプレートに合わせて、ディスクリプションを更新しました。

通知機能の追加

inu_no_pochi

特定条件の在庫のみ通知を行う機能を実装

●動作確認手順
【事前準備】
・管理者ユーザーでログインしてください
・設定画面から○○の通知をONに変更してください

【動作確認】
・以下の在庫データを登録してください
　-○○○○
　-○○○○
　-○○○○

⋮

前提条件を追加したことで、PRの内容を知らないメンバーにも伝わりやすく、また、自身が数ヶ月後に見直す際もわかりやすくなりました。

解説

今回のCaseにおける問題の詳細と改善のコツを見ていきましょう。

問題1 レビュイーがレビュアーに必要な情報を渡していない

この問題はCase2「説明不足のPR」（p.041）に関連するシチュエーションの1つです。本項では特に、レビュアーとの齟齬を防ぐために気をつけたい観点について解説します。

▶ディスクリプションがレビュー効率を向上させる

レビュイーは、レビュアーが情報を持っていないという前提で、PRのディスクリプションに十分な情報を記載するよう意識しましょう。「レビュアーは知識を持っているだろう」とレビュイーが思い込んで不十分な情報の記載で済ませてしまうと、レビュアーが情報を揃えるためのコストがかかります。その結果、適切なレビューが行えず、不具合や品質の悪いコードを生む恐れがあります。

レビュイーは自分が見えているところ（持っている情報）までレビュアーを引き上げるイメージを持ってください。

図：レビュイーとレビュアーの情報

▶キャッチアップをしやすくする工夫

また、大きめのPRをレビュー依頼する場合や、PRの機能についてあまり知識がないレビュアーがアサインされた場合などは、レビュイーからレビュアーへ事前に説明をする時間を設けるとよいでしょう。レビュイーの理解度を確認できるとともに、その場で疑問も解消できます。

PRに前提条件が揃っていれば、PRを後から見返す際にもキャッチアップのコストを短縮できます。さらにエンジニア以外（マネージャー、QA）も確認しやすいPRとなり、チーム全体の生産性の向上に繋がります。

改善のコツ

✔ **レビュアーは情報を持っていないという前提に立ち、情報量を揃える**

関連TIPS

- 詳細を明示する …… p.164
- 相手の知識に合わせる …… p.182
- テンプレートを用意する …… p.194

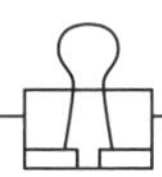

COLUMN 雑談が質問しやすい雰囲気を作る

雑談で業務とは関係のない話をするのは、無駄な時間に感じたり苦手に思う人もいると思います。しかし、雑談こそが質問しやすい雰囲気を作る要素の1つなのです。

雑談の目的は、会話を通じてメンバーの人となりを知り、相手との距離を縮めたり、話しやすい関係を構築することです。面白い話や、有用な情報を話そうと気負う必要はありません。**話題がバラバラでも、お互いにリアクションや会話のやり取りができればよい**のです。

特に若手エンジニアや他部署のメンバーなどは、相手との距離感が掴めていないために相談を躊躇してしまう場合があります。日常的に雑談ができる雰囲気があれば、それらの心理的ハードルも下がり、居心地がよいチームだと感じられるでしょう。

雑談を取り入れるためのアイデアをいくつか紹介します。

- 朝会で雑談タイムを設ける
- ミーティングの前にアイスブレイクをする
- 出入り自由・雑談OKのオンライン作業会を設定する
- チャットツールの雑談専用チャンネルを作る

リモートワークだと、直接話しかけられない状況なので「距離感」や「遠慮」が生まれやすくなります。雑談の機会が失われがちだからこそ、意識的に雑談を取り入れ、チームのコミュニケーションを活性化させてみましょう。

Case 13

コメントへの訂正情報の不足

ポチ田は、自分の出したPRにコメントがついていることに気づきました。タマ本からです。

```
if product.is_editable
  render :edit
else
  render :show
end
```

tamamoto

ここでproduct.is_editableがfalseになることはないので、この分岐は不要ではないですか？

うーん、とポチ田はコードを見直してみます。しかし、タマ本からの指摘とは違って、product.is_editableがfalseになる場合は「ある」という結論になりました。つまりこれは、指摘のほうが間違っています。

ポチ田はコメントにこう返信しました。

inu_no_pochi

ここで`product.is_editable`が`false`になるケースはあるため、必要です。

ポチ田は、タマ本のデスクから、タマ本の尻尾が覗いているのに気づきました。尻尾は細かくパタパタと震えています。あれは、タマ本がイライラしているときの癖……。

解決のアプローチ

レビュアー編

タマ本は、気を落ち着けて次のようにコメントしました。

tamamoto

読み間違えてしまったようで失礼しました。私が考えたのは、

- このコードに来るまでに、ユーザーがadminであるかどうかのチェックを通っている
- adminはproductに編集権限があるため、`product.is_editable`は常に`true`である

ということです。他にproductの編集の可否が変わる条件は何ですか？

タマ本のコメントは、タマ本の考えの流れを説明したものです。ポチ田はようやく、タマ本が何を間違えているかを理解することができました。

レビュイー編

ポチ田は、タマ本のコメントに、次のように返信しました。

inu_no_pochi

`product.is_editable`は、ユーザーの権限ではなく、productの状態によってtrue/falseが決まります。productがすでに公開済みの場合は、falseが返ります。気づいたのですが、`product.editable(user)`という、すごく似た名前のメソッドがありますね。こちらはおっしゃる通り、ユーザーによって編集権限があるかをチェックしているメソッドのようです。どちらかのメソッド名を変更するなどの改善が必要そうです。

ポチ田のこの返信によって、タマ本は自分の誤りを理解しました。そして両者の間に、「間違いやすい2つのメソッドをどのように改善するか」という建設的な議論が始まりました。

解説

今回のCaseにおける問題の詳細と改善のコツを見ていきましょう。

問題1 訂正が具体的な内容を伴わず、理解や原因の改善に繋がらない

このCaseにおける問題は、タマ本のレビューの間違った指摘に対し、ポチ田が「誤りです」という情報しか返さないことで、コミュニケーションが一度途切れてしまったことです。

▶間違いは改善のヒント

しかし、レビュアーが間違ったということは、1つのサインです。そこには間違いやすい理由があるのかもしれません。あるいは、レビュアーとレビュイーの間で、認識の食い違いや知識の差があるのかもしれません。間違いがあったときこそ、「なぜ間違いが起こったのか」を双方がよく理解し、ギャップを埋める必要があります。間違いがあるときこそ、コミュニケーションが必要になるのです。

間違いが起こったときは、次のような発信が鍵になります。

- **間違った側：どのような経緯で間違った結論に至ったのか**
- **間違いを訂正する側：間違いであると判断する理由は何か**
- **両者：間違いが起こった理由は何か**

PRのコミュニケーションの中で、両者の認識をすり合わせることで、「**間違いが起こらないような理想的な状態は何か**」という建設的な議論へと進めるのです。

間違いはないほうがいいと思いがちですが、時に間違いはよいコード、よいプロジェクトを目指すための重要なヒントになります。しかし、間違いをむやみに否定するだけでは、建設的な議論に進むのは難しいでしょう。プロジェクトのメンバー同士が間違いに向き合い、より理解を深める態度が大切です。

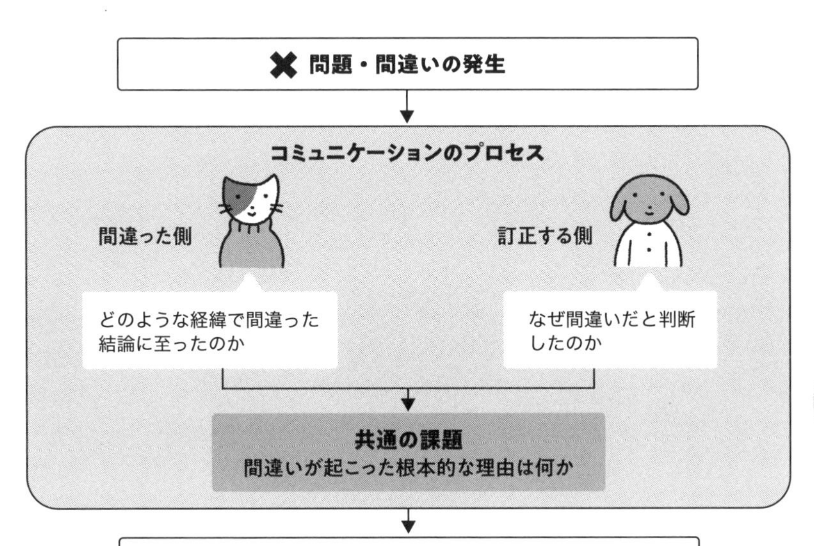

図：認識をすり合わせるプロセス

改善のコツ

- ✔ 間違いの「理由」を意識する
- ✔ 間違いを改善のヒントと捉える

関連TIPS

- 自分の考え・意見を添える …… p.158
- 論破ではなく納得を目指す …… p.188

Case 14

放置された議論

ある日、ポチ田はカスタマーサポート部署から、システムの初期データ登録スクリプト開発の依頼を受けました。そこで、初期データを用意し、スクリプトを実装したPRを用意し、タマ本にレビューを依頼しました。PRではポチ田とタマ本のやり取りが続いています。

tamamoto

取り込みデータの○○○フラグが未指定の場合に、デフォルト値を設定しているのはなぜですか？
エラーを発生させる・取り込みをスキップするなど他の選択肢もありそうです。

inu_no_pochi

デフォルト値を設定している理由としては以下の通りです。
・未指定の場合でも、デフォルト値を設定しておくことで後続のエラーを防ぎたい
・○○○フラグ未指定の場合でも、途中で処理を停止せず続行できるようにしたい
他の選択肢も検討してみようと思います。タマ本さんのご意見も聞いてみたいです。

tamamoto

選択肢ごとのメリット・デメリットを整理してみました。

・デフォルト値を設定する
メリット：○○○
デメリット：○○○

・エラーを発生させる
メリット：○○○
デメリット：○○○

・取り込みをスキップ
メリット：○○○
デメリット：○○○

業務要件によってどの選択肢が最適なのか異なりそうなので、カスタマーサポート部署にヒアリングしてみるのはいかがでしょうか？

その後、ポチ田は不具合対応にかかりきりになってしまい議論は放置されました。しかしその数週間後、再度PRレビューを受け議論が未解決であることが発覚しました。

タマ本さんから提案されていたのに、解決したと思い込んで放置しちゃってた！　中途半端な状態で議論を放置するのはよくないな……。

解決のアプローチ

レビュアー編

このPRの開発チケットにカスタマーサービス部門に確認が必要な旨をコメントして、チームでフォローアップができるようにしました。

ありがとうございます。開発チケットはエンジニア以外のメンバーも確認しますし、チームの進捗確認時にも開発チケットを見ているので、見落としを防げそうです！

レビュイー編

僕がカスタマーサービス部門に説明をして、来週の水曜日までにフィードバックをもらいます。

具体的にアクションプランを設定したのはいいですね。

その後カスタマーサービス部門とのミーティングを実施し、フィードバックを基に方針を決定しました。

解説

今回のCaseにおける問題の詳細と改善のコツを見ていきましょう。

問題1 アクションプランを明確にしていない

▶具体的に何をするか決めた？

PR上での議論はコードを作り上げるための重要なプロセスです。しかし、今回の状況のようにレビュイーとレビュアー間で具体的なアクションプランが設定されていない場合、議論が放置されたままになり、問題解決に至らないことがあります。

議論だけで終わってしまわないように、議論の後にアクションプランを明確に定めましょう。アクションプランは**「誰が」「いつまでに」「何をやるか」を具体的に決めます**。レビュアーがレビュイーにアクションプランを提案するのもよいでしょう。

改善のコツ	✔ 具体的に次のアクション（誰が、いつまでに、何をやるか）を決める

問題2 議論の後にフォローがされておらず放置されている

▶フォローしながら関わる

せっかくアクションを決めても、担当者がアクションを実行できていなかったり、その他のメンバーがフォローできていなければ、やはり議論が放置されてしまう恐れがあります。このような状況を避けるために、定期的に進捗の確認をしましょう。

さらに、開発チケットや、プロジェクト管理ツールにアクションアイテムの進捗を可視化しておくと、見逃しを防げるのでおすすめです。

チームでの継続的なコミュニケーションが、議論の進捗へと繋がります。

改善のコツ

- ✔ 定期的なフォローアップを行う

関連TIPS

- チームで共有するタグを作る…………p.142
- 同期コミュニケーションに移行する…………p.170
- 質問先を明示する…………p.172
- すぐに返せないことを伝える…………p.178

Case 15

見過ごされた質問コメント

金曜日の昼下がり、ポチ田はレビュー依頼をしていたPRを確認して修正し、タマ本に再レビューの依頼をしました。タマ本は次のコメントを残しましたが、コードは問題なさそうだと判断しPRを承認しました。

tamamoto

○○パラメーターがnullで渡ってくることはありますか？
ありそうならケアしておいてください。

ポチ田はPR承認に喜んで、質問に回答せずにマージしてしまいました。ポチ田の実装が本番環境へリリースされて数日後、カスタマーサービス部署から不具合報告がありました。その内容は、タマ本が質問コメントをした「○○パラメーターがnullで渡ってきたとき」に起きたエラーでした。

ポチ田は心当たりがあったので、恐る恐るPRを見返します。そしてタマ本からの質問コメントを発見し、「あのとき、質問に答えていれば……」とその場にへたり込みました。

解決のアプローチ

レビュアー編

不具合を修正した後に、チームでふりかえりを実施しました。タマ本はレビュアーにできたことを考えました。

私は不具合の原因となったコードについて質問コメントをしていたのに、その後にポチ田さんへ回答を促していませんでした。そして、回答を待たずに先にPRを承認してしまったので、次回からは回答を受けてからPRを承認するようにしようと思います。

ポチ田さんが質問に気づいていない場合もあるので、口頭やチャットでも確認しておくとよかったですね。

Part 2 実践編

レビュイー編

僕がタマ本さんから質問コメントを見過ごしてしまったのが一番の原因です。

ポチ田は耳をぺたんこにして反省しています。

ポチ田さんを責めているわけではないですよ、チームでどうすれば改善できるか考えましょう。

マージする前にレビュアーのフィードバックに対応できているのか、自身で再度確認したり、朝会などで「全て返信したつもりです」と伝えてみるとよいですね。

解説

今回のCaseにおける問題の詳細と改善のコツを見ていきましょう。

問題1 レビュアーが質問の回答を促していない

レビュアーの視点はコードレビューにおいて大変重要です。レビュアーは実装者とは異なる視点からコードを読むことで、隠れた問題や改善点を見つけ出せるためです。

タマ本のようなレビュアーの何気ない質問も、不具合を事前に防ぐ重要な手がかりとなり得ます。

▶未回答をレビュイーに気づかせる

レビュイーが質問を見落としている場合もあるので、**レビュアーはそのような見落としをレビュイーに気づかせる役割がある**ことも認識しておくとよいでしょう。レビュイーとのやり取りはPR上でなくても構いません。チャットツールや口頭で回答が得られるのであれば、その結果をPRにコメントに残しておきましょう。

タマ本が述べているように、質問の回答が得られてからPRの承認を行うのも有効な手段です。これらのコミュニケーションが、不具合の早期発見やコードの改善に繋がります。

▶コメントの属性を明示する

コメントにタグをつけると、コメントの属性を明示できるためレビュイーが気づきやすくなります。例えば、必ず確認してほしいコメントには「[must]」、今後のための参考情報には「[fyi]」といったタグをつけます。詳細はPart3で紹介しているTIPS「チームで共有するタグを作る」(p.142)も参考にしてください。

改善のコツ

- ✔ レビュアーは質問の回答をレビュイーに促す
- ✔ レビュアーは、レビュイーの質問に対する回答を得られてからPRを承認する
- ✔ タグをつけてコメントの属性を明示する

問題2 レビュイーが質問を見過ごしている

レビュイーが忙しいときや、PRコメントのやり取りが多く修正が煩雑になってしまった場合など、レビュイーが十分な注意を払えずコメントを見落としてしまうこともあるでしょう。

自身で対応漏れがないか確認することも重要ですが、朝会などで、レビュアーに見落としがないか直接聞いてみてもよいでしょう。

改善のコツ

- ✔ レビュアーのコメントが全て解決しているか確認する

関連TIPS

- チームで共有するタグを作る …… p.142
- 何をして欲しいかを伝える …… p.166
- 上手に催促する …… p.174
- すぐに返せないことを伝える …… p.178

Case 16
想像に基づく修正

ポチ田は、自分の出したPRについているコメントを確認します。タマ本からでした。

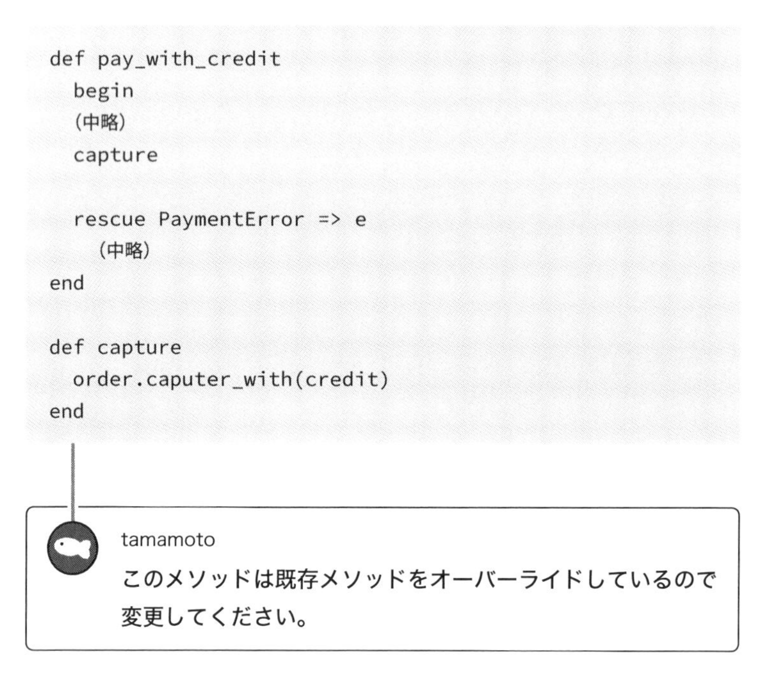

```
def pay_with_credit
  begin
  (中略)
  capture

  rescue PaymentError => e
    (中略)
end

def capture
  order.caputer_with(credit)
end
```


うーん、とポチ田は耳を伏せます。タマ本のいう「オーバーライド」はどういう意味でしょう？　よくわかりません。

しかし、タマ本に「どういう意味ですか？」と聞くのも気が引けます。そんなこともわからないの？　と思われるかもしれません。それに、説明の手間でタマ本の時間を無駄に使わせてしまいます。

このコードは、複雑な決済フロー処理の一部です。もしかしたら、この実行箇所に至る前にすでに`order.caputer_with(credit)`の処理が終わっているのかもしれません。

ポチ田は`capture`を実行する行と、そのメソッドの定義部分を削除してコミットし、pushしました。そしてコメントをつけます。

inu_no_pochi

@cat_tama ありがとうございます、削除しました！

そのコミットの1分後、異例の速さでタマ本からコメントのリプライがつきました。

tamamoto

@inu_no_pochi 全然違います、ちょっと待ってて

解決のアプローチ

レビュアー編

そして5分後に、タマ本から補足のコメントが追加されました（※2）。

tamamoto

説明が言葉足らずですみませんでした。captureメソッドは、このクラスの別の部分ですでに同じ名前のメソッドが定義されているため、重複しています（リンク：https://example.com/master/blob/…L28）。2つのcaptureメソッドの処理の中身は微妙に違うため、今回のメソッドの名前を変えて重複しないようにお願いします。
コメントの意図がわからないときは、いつでも気軽に聞いてください。

レビュイー編

ポチ田はコメントを読み、該当クラスのコードを読み直します。確かに、同じファイルに別のcaptureメソッドを発見しました。さっそくタマ本の提案通

※2　Rubyでは1つのクラスに同名でメソッドを定義することができます。興味があれば「Ruby　メソッドオーバーライド」などで検索してみてください。

りに修正し、コメントを返しました。

inu_no_pochi

詳しいご説明ありがとうございます。これからはコメントの意図をきちんと確認するようにいたします。

解説

今回のCaseにおける問題の詳細と改善のコツを見ていきましょう。

問題1 レビュアーのコメントが短く、レビュイーに十分に意味が伝わらなかった

▶相手の理解度に合わせた質問の難しさ

タマ本のコメントが簡潔すぎたため、ポチ田は意図を汲み取れませんでした。せっかくの的確な指摘も、相手に通じなければ宝の持ち腐れです。レビュイーの理解度を考慮して、十分に伝わる情報を提供するよう心がけましょう。

例えば、次のようなことに気をつけるといいでしょう。

- プロジェクトでの経験や仕様の理解度を考慮する
- 専門用語を使う際には相手の知識範囲に合わせる

とはいえ、相手の理解度はなかなか測りがたいものですし、話題になっている分野によっても変わってくるでしょう。レビュイーに通じなかったことがわかったら、今回のように、適切なフォロー情報を追加することのほうが重要です。

そのためには、レビュイーが理解できなかったことを、気軽に質問できる関係性作りも大切です。何度でも「気軽に質問しても大丈夫である」と伝えていきましょう。

改善のコツ

- ✔ レビュイーの理解度に合わせた情報提供を心がける
- ✔ 気軽に質問される関係性の構築を目指す

問題2 レビュイーが、レビュアーのコメントの意味を想像で補って的外れな修正を行った

▶相手を信頼して、上手に質問する

今回、ポチ田は、レビュアーであるタマ本のコメントから、修正に必要な情報を読み取れませんでした。その際に、不足した情報をタマ本に確認するのではなく、想像で補った結果、的外れな修正をすることになってしまいました。

ポチ田が確認をためらったのは「こんなこともわからないのかと思われるかもしれない」という恐れと、「相手の時間を無駄にしてしまうのではないか」という遠慮からです。

しかし、その結果の修正が的外れであれば、理解が追いつかなかったことはすぐにレビュアーに伝わります。さらに、どこが間違っているかをレビュアーは説明することになりますし、修正の手戻りで自分の時間も無駄にします。

自分で考えることは大切ですが、考えてもわからないときは、相手を信頼して率直に尋ねることも大切です。

質問の際は、「このように考えたけれど、理解は合っているか」という形で伝えると、レビュアーも何を説明すればいいのかわかりやすくなります。例えば、次のような質問の仕方が考えられるでしょう。

inu_no_pochi

ご指摘ありがとうございます。「オーバーライド」の意味がわからなかったのですが、どういった意味になりますでしょうか。「この実行箇所に来る前にすでにorder.caputer_with(credit)の処理が終わっている」という意味かとも考えたのですが、該当コードが見つけられず、自信がありません。

ポチ田がこのように質問したのなら、タマ本は「オーバーライド」の本当の意図を説明することができます。

改善のコツ

- ✔ わからないことは、相手を信頼して率直に尋ねる
- ✔ 質問の際は、自分が考えたことを添えて、理解が合っているか尋ねる形にする

関連TIPS

相手の意図を断定しない……p.138
相手の理解の段階を踏む……p.204

Case 17
調べる前に相手に投げてしまう質問

Case16の後、ポチ田はもっといいコミュニケーションができたのではないかと反省しました。そして、ミミ沢との1on1の際に、その反省について相談しました。

自分の想像で修正してしまったのがダメだと思いました。タマ本さんが、質問していいよとおっしゃってくれたのですが、こういう場合に上手に質問するにはどうすればいいかと思って。

いい反省ですね。ポチ田さんは最初から質問できたとしたら、どういう質問にしますか?

うーん。「『オーバーライド』の意味がわからなかったのですが、どういった意味になりますでしょうか。」とかでしょうか……?あ、あと、自分がどう考えたのかをつけ加えます。「この実行箇所に来る前にすでにorder.caputer_with(credit)の処理が終わっているという意味かとも考えたのですが」とか。

どう考えたかを添えるのはとてもいいですね。質問の前に、もう一段階を踏むと、さらによくなりそうです。

Part 2 実践編

解決のアプローチ

レビュイー編

ポチ田さんは、「オーバーライド」という言葉が耳慣れなかったんですよね？　タマ本さんに質問する前に、一旦わからなかった言葉を調べると、タマ本さんが説明する手間が省けます。それに、質問内容も的を射たものになりますね。例えば、こんな感じです。

sample

オーバーライドというのは、Rubyで同じクラスに同一名のメソッドを定義して、元の定義を上書きできるもので合ってますでしょうか。確かに同一名メソッドがありました。修正対応は、今回追加したメソッド名を、既存のメソッドとの違いを明示したものに変更する方針でよいですか？

なるほど、確かに質問としてすごく実のあるものになりました！　どうして自分で調べなかったんだろうってさらに反省がつのります……。

解説

今回のCaseでミミ沢が指摘した問題は次の通りです。

問題1 相手に質問を投げる前に、自分で調べることをしていない

▶質問の前に自分で調べることで、質問のクオリティを上げる

知らない単語があった、コメントで言及されたコーディングパターンの詳細を知らなかった、など、自分の知識の不足を感じた際は、質問前にざっとでも自分で調べる癖をつけるとよいでしょう。事前に調べる習慣をつけることで、見当外れな質問をする可能性が減り、質問のクオリティを上げることができます。また、調べればわかることを相手に説明させる無駄も省けます。

▶「このように調べたがわからなかった」も大事な情報

わからなかった単語が、そのプロジェクトの中だけで使われている特殊な単語である場合もあります。ある程度調べて見当がつかなかったら、あまり悩まずに聞いてしまうことも大事です。その際は、「Googleで該当単語を調べても結果がなかった」「プロジェクトのチケットを検索したがヒットしなかった」など、自分が調べた手順も書き添えるとよいでしょう。質問された側からすると、すでに質問者が試した方法について教える無駄を省けますし、「どう調べれば答えに辿り着くか」についてより的確に答えることができます。

▶「調べればわかること」をクリアにした上で、考えを添えて質問する

質問をする際には、「これは調べればすぐにわかることではないか？」と一旦自分で確認するとよいでしょう。調べればわかることはクリアにした上で、調べてもわからない問題について質問するのです。

調べてもわからないことには例えば、相手のコメントに込められた「意図」や、調べてわかった情報に基づいて「自分が考えた内容の妥当性」などがあります。

- 調べてわかることの例
  - 一般的な単語の意味
  - 参照先がはっきりしている仕様やプロジェクトの決定

- 調べてもわからないことの例
  - 相手のコメントの意図
  - 自分の理解やアイディアの妥当性
  - 一通り調べても見つからなかった情報

改善のコツ

- ✔ 調べてわかりそうなことは質問する前に調べる
- ✔ 質問の際に調べた内容を添える

関連TIPS

相談までの時間を決める …… p.150
わからないレベルを伝える …… p.154
自分の考え・意見を添える …… p.158

Case 18
関係者へ確認ができていないPR

ポチ田のPRに、タマ本からコメントがつきました。

tamamoto

この集計機能はこのままだとかなり動作が遅いと思います。集計の単位から日次を除いて、月次に限ればパフォーマンスがだいぶマシになりそうです。

データ量が増えたときの動作が心配だったポチ田は、タマ本のアドバイスに飛びつきました。さっそく修正をして、コミットとともにコメントを返します。

inu_no_pochi

ありがとうございます！　集計の単位を月次に限った方針にしました。

tamamoto

これであれば、パフォーマンスの懸念はないと思います。LGTM

タマ本が、PRを承認します。けれどそこに、ミミ沢からコメントが入りました。

usamimi

このPRのマージは待ってください。ポチ田さん、集計単位を月次に限る仕様に関して、この機能の要望を出している営業部署に了解は取りましたか？

ポチ田は、営業部署とのコミュニケーションを取っていませんでした。

すみません！　取っていませんでした。営業部署に確認してみます。

解決のアプローチ

レビュアー編

タマ本は次の日の朝会で反省点を挙げました。

ポチ田さんが営業部署と合意を取って変更したと思い込んでいました。仕様変更の提案時に、ポチ田さんに営業部署と話すように提案したほうがよかったですね。そうでなくても、最低限PRの承認前に合意があることを確認するべきでした。

レビュイー編

朝会では、ポチ田も続けて反省します。しおしおに耳と尻尾がたれています。

タマ本さんのコメントを見て、絶対にそのほうがいい案と思って、視野が狭くなっていました。実装は、PR上の実装者やレビュアーだけじゃなくて、それを使う人や売る人が関わっているものだと忘れないようにします。

ポチ田はその後、営業部署と合意を取り、やはり日ごとの集計が欲しいと言われました。そのため、パフォーマンスを保ちながら日ごとの集計を実現できるよう、実装方法や仕様を関係者と話し合って探しました。

結果として、一度に長い期間の日ごとの集計をする必要はないとわかったので、集計対象の月を指定し、その1ヶ月間の日ごとの集計を行う仕様に落ち着きました。これなら、営業部署の要望も、パフォーマンスの問題も解決します。

解説

今回のCaseにおける問題の詳細と改善のコツを見ていきましょう。

レビュアーが、仕様の調整が関係者内で済んでいるものと思い込んでPRを承認した

▶仕様変更はエビデンスを明示しよう

レビュアーのタマ本は、実装者のポチ田が関係者との調整を済ませていると判断してPRを承認しました。しかし、それは思い込みで、実際にはポチ田が独断で仕様変更をしていました。

このような思い込みによるPRの承認を避けるためには、次の点を意識、あるいはルール化するといいでしょう。それは「**仕様変更に対してのエビデンスがPRから参照できる形になっていること**」です。

inu_no_pochi

~~集計は日次・月次の２種類~~
→パフォーマンスを考慮して集計は月次のみ。
こちらのチケットで営業部署と確認済みです。
https://example.com/issues/4522

たとえポチ田が首尾よく関係者との調整を済ませてPRを出したとしても、その調整が追える形で残されていなければ、レビュアーはその点を指摘するべきです。今は関係者の記憶に残っていたとしても、半年後、1年後、関係者の記憶が薄れてからも、そのコードの変更点を追ったときに、なぜ最初の仕様と異なるのか、その理由が追える形になっている必要があるのです。

もちろん、必ずしもPRに直接記載されている必要はなく、経緯を記したチケットやissueなどへのリンクがあるだけでも構いません。プロジェクトに合ったやり方を探してください。

改善のコツ

✔ 仕様の変更があった際は、変更の経緯と関係者の承諾が追えるようにディスクリプションを書くルールとする

問題 2 実装者が、実際の関係者との調整を疎かにして、実装上の都合だけで仕様を変更した

ポチ田は、タマ本の提案に飛びついて、その機能が必要な関係者である営業部署に確認を取っていませんでした。しかし、その変更は、営業部署が必要な要件を満たせない結果になるものでした。

▶ PRでのやり取り中にも関係者の存在を忘れない

PR上でレビューのやり取りをしていると、時にそのコミュニケーションに気を取られて、ユーザーを置き去りにしてしまうことがあります。実装者もレビュアーも、「この機能を必要な人に届ける」という視点を忘れないことが大切です。

PR中に仕様変更の話題が出たら、PRの中だけで完結せず、すぐに関係者とコミュニケーションを取りましょう。その際、関係者に状況をわかりやすく伝えるために、以下の点を整理するとよいでしょう。

- 仕様のどの部分に、実装上のどのような問題があるか
- どのように仕様を変更するとよいと考えたか
- この変更によって何ができて、何ができなくなるか

そして、その相談の経緯と結果を、コードの変更と紐づけて見られるようにしましょう。例えばPRのディスクリプションに追記する、タスクのチケットに経緯を書いて、PRにチケットのURLを添える、などです。

▶自分の判断で変更できる範囲と、相談・確認の必要な範囲を意識する

今回ポチ田が変更しようとした仕様の影響が及ぶ範囲は大きく、関係者との事前の相談が必須のものでした。しかし、中には、実装者の判断で変更可能だと思われるものもあるでしょう。簡単なテキストの変更からUIの工夫まで、実装者の裁量はそのプロジェクトによって様々です。どこまでが自分の裁量で判断できて、どこからが相談が必要なのかを意識しておきましょう。

また、どんなに自分の裁量内であると判断しても、他の人には別の意見があるかもしれません。そのあたりを第三者の目で判断するのにも、コードレビューは役立ちます。仕様から変更点があった場合は、以下の内容をPRのディスクリプションに含めるとよいでしょう。

- 変更した内容、相談の有無、独断の場合は確認不要と思った理由
- 関係者への「このように変更しています」の一言メンション

関係者との連絡がPR上でなく別チャンネルである場合は、そのチャンネルで一言知らせておくのが安全です。

改善のコツ

- ✔ 機能を必要としている関係者全体を意識する
- ✔ 自分の判断のみで変更を入れた場合は、確認不要と思った理由を明記する

関連TIPS

- 相手の意図を断定しない ……… p.138
- 根拠がないなら根拠がないことを添える ……… p.162
- 「念のため」の確認をする ……… p.168

Case 19
感情的なコメント

ポチ田が朝出社してGitHubを見ると、昨日出したPRにコメントがついていました。開いてみると、トサカ井からコメントが寄せられています。

tosaka

このPRをレビューしようとしたけど、そもそもログインできない。手元で確認もしていないものPR出してくんな。なんでこんな当たり前のこともできないんだ。

ポチ田は慌てて昨日のPRをローカル環境で動作確認しました。やはり手元ではちゃんと動いているように見えます。しかし、トサカ井のコメントが気になり、一旦ログアウトしてから再度ログインを試みてみると、指摘された通りログインができませんでした。

inu_no_pochi

すみません、ログイン済みの状態でしか動作確認しておらず、ログアウトしてみたらこちらでもログインできませんでした。すぐに修正します。

トサカ井さん、すごく怒っていたなぁ……。また怖いコメント来たらどうしよう。修正に集中できないよ。

解決のアプローチ

レビュアー編

同期のトサカ井のコメントを見かねたタマ本が声をかけました。

トサカ井さん、ポチ田さんへのあのコメントはよくないと思いますよ。

だって、ポチ田の書いたコードを見たら、ああも言いたくなりますよ……。

エンジニア１年目の彼が５年目の私たちと同じような知識を持っているとでも？　君の５年間はそんなに軽いものですか？

ぐ……。

このチームで働いていくということは、彼が育てば私たちも楽になるということですよ。私は後進を育てるということも仕事のうちだと考えています。

わかったよ！　次からはもうちょっと書き方に気をつけるよ。

レビュイー編

トサカ井さんは僕のことが嫌いなんでしょうか……。

それは違いますよ、ポチ田さん。褒められたことではないですが、彼は誰にでもこのようなコメントの書き方をするのです。

僕だけってわけではないんですね。

彼はコードに対する思い入れが強い。よいプロダクトにしたいという気持ちが強いんですよ。だからといってあの書き方はよいことではないですけどね。

そうなんですね、確かにトサカ井さんは社外でもいろんな活動をしていますし、休みの日にも勉強しているってタマ本さんから聞いたことはあります。

そう、だから彼のコードに対する情熱はぜひ見習ってほしいかな。

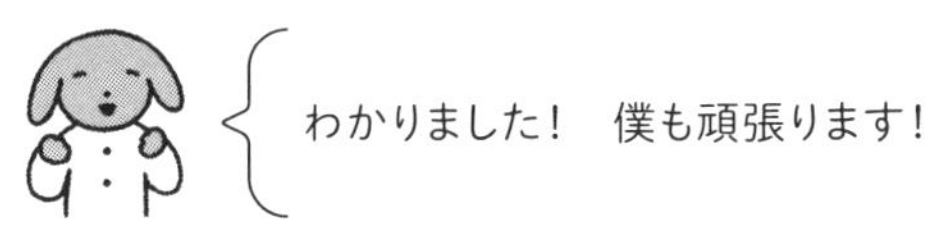

解説

今回のCaseにおける問題の詳細と改善のコツを見ていきましょう。

問題1　乱暴な言葉づかいをしてしまう

好きでそんな言葉づかいをしているわけじゃない、という方ももちろんいるでしょう。それでも乱暴な言葉づかいはチーム全体への大きな悪影響となるため控えるべきです。

レビューのやり取りで使われる乱暴な言葉や攻撃的な言葉は、レビューの効果を損なう恐れが大いにあります。強い言葉に傷つけば、内容はほとんど入ってこないことが多いでしょう。また、そのコメントがあるページを開きたくないという気持ちになってしまうかもしれません。

▶伝え方ひとつで意図が歪んでしまうこともある

レビュアーには今までの経験を基に適切な指摘を行うことが期待されていま

す。しかし、その伝え方が乱暴であれば、指摘の意図が歪んで伝わることがあります。特に、若手エンジニアや経験が浅いメンバーに対する、経験の厚いエンジニアの言葉の影響力は大きく、萎縮させたり、自己肯定感を低下させたりする原因にもなります。

レビュアーは、**感情に左右されずにフィードバックを行うスキル**を身につけることが重要です。レビューは対話であり、経験の浅いエンジニアにとっては教育や成長の場であるため、建設的なフィードバックを心がけるべきです。具体的には、事実に基づいた指摘を行い、相手に配慮したコミュニケーションを意識することです。また、時間が経つことで冷静さを取り戻せることが多いため、感情的になりそうなときは一旦時間を置いてからフィードバックを行うのも有効です。

改善のコツ

✔ 丁寧な言葉づかいを心がける

問題2 コードではなく人を対象に攻撃してしまう

コードレビューで批判の対象がコードではなく、相手になってしまうことは、非常に深刻な問題です。これは相手のスキルや人格に対する攻撃に繋がり、職場全体の信頼関係を壊すリスクがあります。特に、直接的な攻撃や皮肉、揶揄するような言葉は、たとえ相手のコードがつたなかったとしても仕事の場においては許されるべきではありません。レビュイーは人格を否定されることで仕事への意欲が低下し、最悪の場合、チームからの離脱や退職に繋がる恐れもあります。

▶感情は自分の中で処理しよう

コードレビューでは常に「コードの改善」が主目的であることを忘れないでください。そして、相手が同じチームの仲間であることも忘れないでください。それでももしイライラや不満が生じた場合、その感情がなぜ生まれたのかを振り返り、自分の中で処理することが重要です。相手のミスや至らない部分に対しても、感情的に反応するのではなく、事実に基づいて冷静に解決策を提示するよう努めるべきです。また、問題を指摘するときは具体的な改善点にフォーカスし、個人への批判を避けることが大切です。

改善のコツ

- ✔ コードを指摘された際に、自分を否定されたと捉えない
- ✔ 相手は敵ではなく、ともにシステムを作る仲間であることを意識する

関連TIPS

命令しない …… p.132
性善説で考える …… p.134
「やっていないこと」を書く …… p.192

PART 3

TIPS編

Part3では、明日からのコードレビューに活かせる33のTIPSを紹介します。Goodパターンと Badパターンを比較しながら、レビューコメントやディスクリプションのよりよい書き方を具体的に解説します。ポチ田たちと一緒に、様々な場面で役立つコードレビューの「技」を身につけましょう。

1　クイズを出さない

【対　象】 レビュアー

【ルール】 ⑤率直さを心がける

【キーワード】 率直さ　効率　受け取りやすさ　理解のしやすさ　答えやすさ

Bad パターン

tamamoto

このメソッドをここで使うのは望ましくありません。理由はわかりますか？

Good パターン

tamamoto

このメソッドをここで使うのは望ましくありません。固定送料であるかどうかは、品目の分類によって決まります。calc_shipping_fee(items)を使ってください。

テキストコミュニケーションにおいて、相手に推測させるのは悪手です。上記の例のようなクイズを出されると、相手は「試されている」とストレスを感じます。期待に応えられるか、失望されるかもしれないと気を揉みますし、関係性によってはバカにされていると感じるかもしれません。さらに、相手がクイズに答えたあと、その答えが期待通りの答えであったにしろなかったにしろ、クイズを出した側が回答をする、というやり取りが増えてその分時間もかかります。

また、クイズはその性質上、「問題を出す側は答えを知っていて、出される側はその答えを当てなければならない」という前提があります。**クイズを出す側と、出される側での立場の強弱が自然と生まれてしまう**のです。意識せずとも立場の強弱を作ってしまうやり方は、レビュアーとレビュイーの「二人三脚で問題を解決しよう」という意識に悪影響を及ぼします。

クイズよりもよい方法を探そう

クイズを出してしまう意図は、「理解度を試したい」か「自分で調べて考えることで身につけてほしい」といったものが多いと思います。理解度については、改善の余地のあるコードが出てきた時点で期待より不足していると判断できます。自分で調べてほしいなら、クイズのような曖昧で意図の読みにくいアプローチをするべきではありません。「この領域について理解を深めてほしいから、このドキュメントやこの単語を調べてください」と、コードレビューとは別のチャンネルで始めましょう。そうすれば相手は、あなたの意図を勘ぐるコストを払わずに済みます。もっと理解を深めてほしい、という意図が明確になるためです。その上で「理解度を確かめるために、次の設問に答えてください」と問いかけるのは全く問題ありません。唐突にクイズを出して「この人は自分に何を求めているのだろう……」と戸惑わせるのは避けましょう。

また、次のようなコメントも、意図の読み取りづらいクイズをしているBadパターンの1つです。

tamamoto

ここのコードはもっと短く書けるけど、どうすればいいと思う？

次のように相手にしてほしいことを率直に伝えるほうが効率的です。

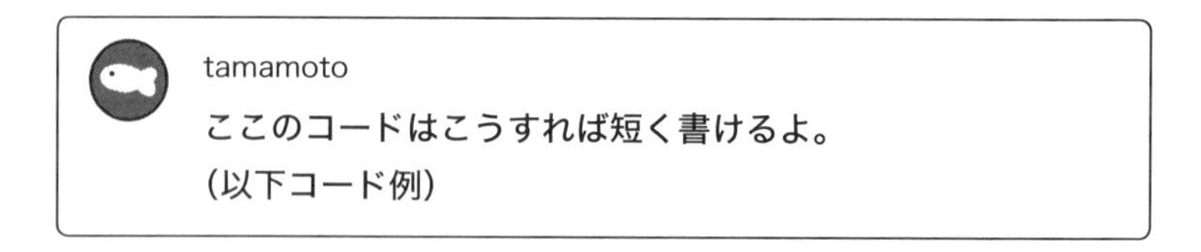

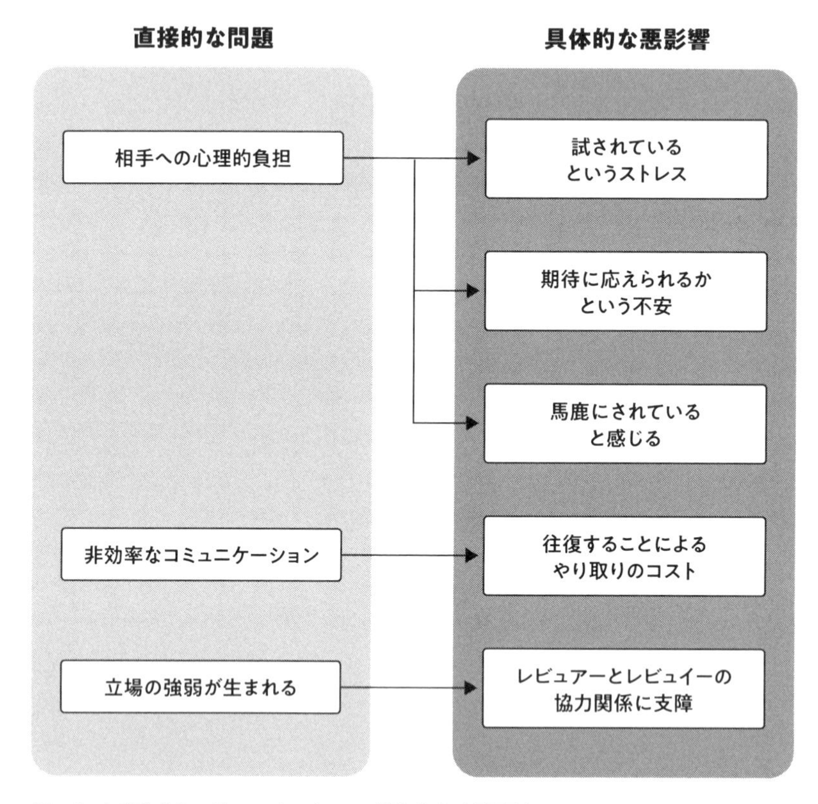

図：クイズ形式のコミュニケーションがもたらす問題点

あ、そういえばミミ沢さんの下のお名前ってなんでしたっけ、A社の来館申請に書かなきゃいけなくて。

ふふふ……何でしょう?

……。

すみません。私が悪かったので、そんな「この人は何を求めているんだ……?」みたいな顔をしないでください。

2 命令しない

【対　象】 レビュアー

【ルール】 ①決めつけない

【キーワード】 言葉づかい　受け取りやすさ

Bad パターン

tamamoto

ここは△△△に修正してください。

Good パターン

tamamoto

このコードだと○○の恐れがあるので、△△△に修正してください。

上位の立場からの一方的な命令は、ネガティブな影響をもたらすことがあります。ここでいう「命令」とは、**相手の意思や状況を考慮せずに強制的に指示を出す行為**を指します。業務上、適切な指示が必要な場面はありますが、一方的な命令は以下のような悪影響を引き起こします。

●考える機会の喪失

繰り返し命令されることで、受け手は自分で考えたり判断したりする力を失い、成長の機会を奪われます。

● コミュニケーションの質の低下

命令が上下関係を強調し、オープンな対話を妨げるため、チーム全体のコミュニケーションが阻害されます。

● モチベーションの減退

命令による指示一辺倒の環境では、受け手の自信が低下し、仕事への意欲や成果が悪化する恐れがあります。この低いモチベーションがチーム全体に波及すれば、パフォーマンスの低下にも繋がります。

一方的な命令を避けるために

命令を避けるには、**理由を添えた提案**が重要です。「なぜそうするのか」を相手に理解してもらうことで、将来同じような問題に直面したときの対応力を高められます。また、理由を明確に示せば、提案の意図やメリットが伝わり、受け手も納得して行動に移せるようになります。さらに、**個人の経験を共有する**のも効果的です。自身の経験から得た知見や解決策を伝えると、対等な立場からのアドバイスとして受け入れられやすくなります。

tamamoto

以前、同様のバグに遭遇した際に○○○クラスの処理が関係していたので、そのあたりを見ると役に立つかもしれません。

また、**フィードバックを求める**のも有効です。指示を出すだけでなく、対話を通じて相手の意見や考えを引き出すことで、協力して取り組む姿勢を示せます。そうすれば、受け手が自分の意見を発信しやすくなり、よりよい解決策が生まれる可能性が高まります。

tamamoto

○○○の責務は△△△に持たせるほうが適切だと感じましたが、どう思いますか？

3 性善説で考える

【対　象】 レビュアー　レビュイー

【ルール】 ①決めつけない、⑤率直さを心がける

【キーワード】 効率　思い込まない

Bad パターン

tamamoto

この値の検証は、手を抜いてその場その場で定義せず、ちゃんとモデルクラスに集約してください。

Good パターン

tamamoto

この値の検証は、モデルクラスに集約してください。検証部分のコードが散逸せず、堅牢性とメンテナンス性が向上します。

コードレビューの最中、「この人は怠けてこんな読みにくいコードを書いているのではないか」と思ったり、「こんなまわりくどいコメントをするなんて、馬鹿にされているのでは」と感じたりする瞬間はありませんか？　そんなときは一度深呼吸して、別の可能性を考えてみてください。Part1で紹介したハンロンの剃刀、「無能で説明できることに悪意を見出すな」の原則です。能力不足が原因で起きていることを、悪意のせいにしてはいけないのです。

読みにくいコードになってしまっているのは、フレームワークへの理解不足

や、抽象化の経験不足のためであり、怠けによるものではないかもしれません。コメントがまわりくどいのは、レビュアー自身も言いたいことをまとめられていないためかもしれません。

相手の悪意を前提としてコミュニケーションを開始してしまった場合、こちらからの返信コメントが喧嘩腰になってしまうこともあるでしょう。その結果、コミュニケーションがぎくしゃくし、**本当は存在しなかった「悪意」が発生してしまうこともあるかもしれません**。それを感じてあなたは、「やっぱり最初から悪意があったんだ」と思うでしょう。これはコミュニケーションとして最悪のパターンです。

悪意を前提にしない コミュニケーションのすすめ

実のところ、**「実際に悪意があるかどうか」は問題ではない**のです。仮に怠けたことによって読みにくいコードが生まれたとしても、「この書き方では読みにくいので改善してください」と指摘し、それが改善されればコードレビューの目的は達成されます。嫌味のたっぷり入ったコメントに対し「意図が汲み取れなかったかもしれないのですが、こういう意味で合っていますか？」と素直に聞き返して、詳しい説明が返ってくればそれでいいのです。存在しようがするまいが、悪意を前提にコミュニケーションを始めては、自分にかかる負荷が増えるだけで、よいことはありません。コミュニケーションを続けて、それでもよい方向に事態が進まない場合にだけ、あらためて第三者に入ってもらうなどの対策を考えるとよいでしょう。

もちろん、人格を攻撃するような発言や、ハラスメントに当たる行為には毅然と対応するべきです。あくまでも、「この人はきっと悪意でこうしている」という自分の決めつけが存在していないかをチェックし、想像しすぎている場合は性善説を採用するほうがよい、ということです。

誤ったアプローチ

対立の発生

悪意の想定
感情的な返信
→
コミュニケーション悪化
実際の悪意の発生

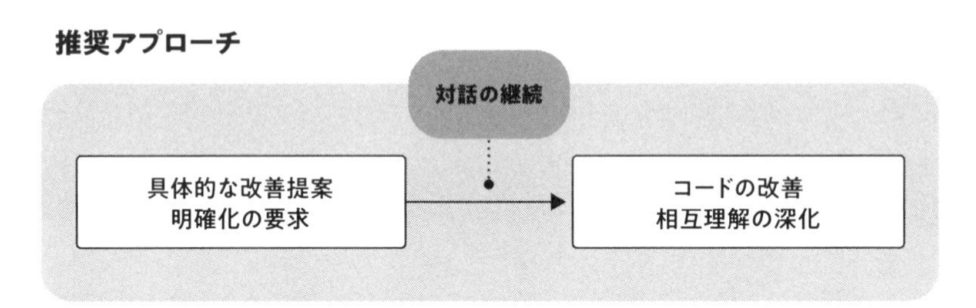

図：コードレビュー上のコミュニケーションのアプローチ

逆にこれはちゃんと抗議するべき、っていうのはどういうときですか？

1つには、コードの良し悪しではなくその人への言及になっているときですね。

人への言及、ですか。

「あなたはまだ入社2年目だからわからないだろうけど」とか「女性にはわかりづらいかもしれないけど」といったコメントは、たとえ親切からのコメントでも抗議するべきでしょう。そういう意味では、どちらにしても悪意の有無より、ルールや基準に従っているかを問題にしたほうがいいともいえます。

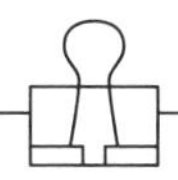

COLUMN 感謝の気持ちの伝え方

レビューやチャットでよく見かける「ありがとうございます」という表現。しかし、実際には「確認しました」という意味で使われることもあります。そのため、本当に感謝を伝えたいときでも、相手には「確認しただけ」と受け取られてしまうかもしれません。

それでは、「確認しました」以上の、ちょっとした謝意を伝えたいときはどうすればよいのでしょうか。おすすめなのは、**具体的な感謝のポイントを付け加える**方法です。例えば、こんな言い方があります。

- 「丁寧なご説明ありがとうございます」
- 「ドキュメントへのリンク、助かります」
- 「早速のご返答ありがとうございます」

このように具体的なポイントを加えると、きちんと発信を受け止めたことが相手に伝わる、あるいは「どのような情報が喜ばれるのか」が相手にもわかりやすくなる、といったメリットが生まれます。

また、具体的な情報を添えるだけでもよいのですが、さらに感謝に厚みを持たせたいなら、こんな方法もあります。その感謝のポイントのおかげで、**自分にどう好影響があったか**を添えるのです。

先ほどの例でいうなら、「丁寧なご説明ありがとうございます。おかげでモヤモヤしていた疑問が整理できました」「ドキュメントへのリンク、助かります。参考になります」などです。この情報で、より実感を伴った感謝の気持ちが伝わるようになります。

具体的な感謝のポイントや、その影響を添えることで、シンプルな「ありがとうございます」が、もっと伝わる言葉に変わります。次に「ありがとうございます」とタイプするときは、「どこが助かったか」「何がうれしかったか」を1つ加えてみませんか？

4 相手の意図を断定しない

【対　象】 レビュアー　レビュイー

【ルール】 ①決めつけない

【キーワード】 効率　受け取りやすさ　思い込まない

Bad パターン

tamamoto

〇〇を避けようとこう書いているのでしょうが、そのためにとても読みづらくなってしまっています。以下のように書いたほうがよいと思います。

Good パターン

tamamoto

これは〇〇を避けるためにこのような書き方をしているのでしょうか？　もしそうならそのためにとても読みづらくなってしまっているので、以下のように書いたほうがよいと思います。

Badパターンの例は、よく見かける気もしますし、人によってはこのように書かれても気にならない場合もあるでしょう。しかし、このようなコメントの書き方は避けたほうが無難です。

コードから意図を読み取り、それに簡潔に答えたいという意思はわかるのですが、ともすれば相手にきつい印象を与えますし、読み取った意図が万が一にも的外れだった場合、それを理由に言い合いになる可能性があります。

聞き返すことの大切さ

ではどのように書けばよいかというと、「相手の意図を断定しない」ことを意識します。1行で簡潔に書きたい気持ちを抑えて、Goodパターンのように**質問の形でワンクッションを入れましょう**。

相手の意図を仮定するときは相手に聞き返す形にすることで、決めつけず、よりソフトな印象を与えられます。また、全てを一度に書ききらずに質問を投げかけて、やり取りを一旦止めるのも効果的でしょう。

聞き返さずに仮定して進めると、意図していない言外のメッセージが漂いやすくなります。したがって、相手の意図を確認する際は、丁寧さを心がけることがおすすめです。

5 まずは共感を示す

【対　象】 レビュアー　レビュイー

【ルール】 ①決めつけない

【キーワード】 効率　受け取りやすさ

Bad パターン

このコード、もっと短くできそうです。例えば、この部分をメソッドにまとめるのはどうでしょうか？

いや、それは効率が悪いよ。今のやり方が正しいから、そのままでいい。

Good パターン

なるほど、確かに再利用できるようにするのはよい考えですね。ただ、今のやり方だと処理の流れがわかりやすいというメリットもあるから、そのバランスも考えて検討してみましょう。

コードレビューは対話と議論の場です。相手の提案や意見をいきなり否定するのではなく、**まず「共感」を示すことで話しやすい雰囲気を作る**ことが大切です。ただし、ここでの共感とは、相手の意見全てに同意することではありません。相手の意見や感情の中で理解できる部分を見つけ、それを言葉にして伝える行動を指します。

共感からコミュニケーションを始めよう

共感を示す第一歩は、相手の意見に注意深く耳を傾け、**「なるほど」と思えるポイントを見つける**ことです。たとえ全てに賛成できなくても、一部だけでも合意できるポイントを見つけましょう。そうすると、例えば「再利用を考えるのはいいですね」といった形で相手の意見の一部を肯定できます。

次に、その合意できた部分を具体的に言葉にして相手に伝えましょう。例えば、「再利用の観点には賛成です。ただ、別の視点として処理の流れの可読性も考慮したいです」といった表現で、相手の考えを尊重しつつ、自分の意見をつけ加えます。意見が異なる場合は、理解や共感を示した後で冷静に補足します。例えば、「この部分は簡潔さを優先する方法も考えられますね」といった形で、自分の提案を柔らかく伝えると、建設的な対話が生まれやすくなります。このように、ひとつひとつのステップを丁寧に行うことで、相手は「話を聞いてもらえている」という安心感を得られます。

しかし、時には「共感できる部分が全くない」と感じることもあるでしょう。その場合でも、相手の姿勢や努力に寄り添う姿勢は示せるはずです。

- **その点について問題だと考えていることは理解できました**
- **提案をいただいてありがとうございます**

こうした言葉を使えば、相手の主張の内容に共感できなくても、きちんと相手を尊重する姿勢を示すことができます。相手と異なる意見を主張するのであればなおさら、このようなワンクッションを入れたほうが無駄な対立を避けられます。

最後に、共感は単なる作法やメソッドではなく、相手の意見を尊重し、対話を円滑に進めるための姿勢です。**形だけで気持ちが伴わない「なんちゃって共感」はすぐに見抜かれてしまいます**。単なる手法としてではなく、相手を理解し無駄な対立を防ぎ、チームで効率よく開発を進めるというチーム開発の姿勢として捉えるようにしてください。

6 チームで共有するタグを作る

【対　象】 レビュアー

【ルール】 ④チームで仕組みを作る

【キーワード】 効率　受け取りやすさ　理解のしやすさ　答えやすさ

Bad パターン

tamamoto

○○○メソッドを使ったほうがパフォーマンスの効率がよいですが、△△△にしている理由はありますか？

inu_no_pochi

修正しました！

Good パターン

tamamoto

[ask] ○○○メソッドを使ったほうがパフォーマンスの効率がよいですが、△△△にしている理由はありますか？

inu_no_pochi

参考にしたコードをそのまま流用していました。○○○メソッドを使うよう修正しました。

意図を明確にするタグ

PRのレビューコメントで相手に質問をしたつもりが、指示を受けたと早合点されて、レビュイーがコードを修正してしまった。または、レビューコメントを受けて修正するべきかどうか悩んでいたところ、そのコメントは単にレビュアーの好みを述べたものに過ぎなかった、などといった経験をしたことはないでしょうか。Badパターンでは、タマ本が実装の意図を知るために質問をしましたが、ポチ田は修正の指摘と受け取り、質問の真意を確認せずに早々に修正を行ってしまいました。

このように、相手に伝わりやすい文章を書くのは非常に重要ですが、場合によっては相手に正しく伝わらず、推測させてしまうこともあります。PRのコメントで「質問をしているのか？」「修正してほしいのか？」「好みを伝えているだけなのか？」といった意図を明確にするためには、チームで共通のタグを使うとよいでしょう。よく使われるタグの例としては、次のようなものが挙げられます。チームの方針に合わせて、活用してみてください。

- [ask]：質問・確認
- [must]：対応必須
- [imo]：in my opinion、自分の意見・提案
- [nits]：nitpick、細かい指摘
- [fyi]：参考情報

7 Lintツールを入れる

【対　象】 レビュアー　レビュイー

【ルール】 ④チームで仕組みを作る

【キーワード】 効率　ツールの活用

Bad パターン

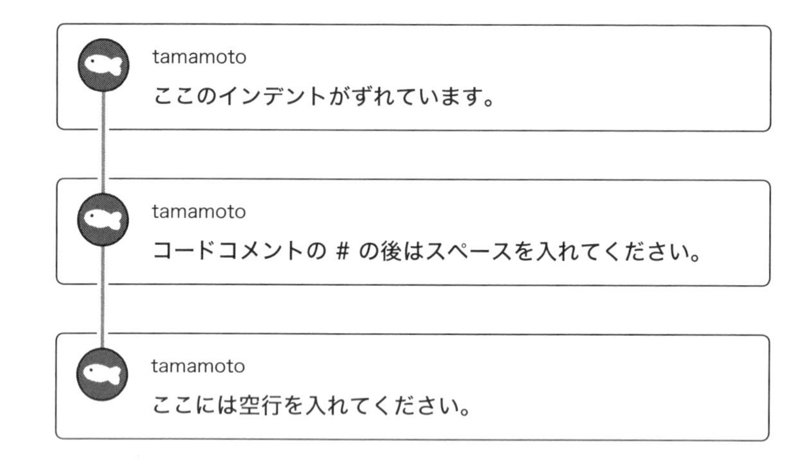

インデントのずれやコードフォーマットの不整合は誰にでも起こり得ます。これらをレビュアーがひとつひとつ指摘するのは、時間と労力がかかり、ストレスとなります。また、レビュイーにとっても、些細な指摘をされるたびにレビュアーに申し訳なく感じることがあります。さらに、全ての誤りが指摘されずに、マージされるリスクもあります。

他にも、コーディングのスタイルは個人の好みによる部分も多いため、チーム内で意見が分かれ、結果として異なる記法が混在することも考えられます。これにより、コードの一貫性が失われ、後々の保守が困難になる可能性もあります。

形式的な指摘はLintツールに任せよう

こうした課題を解決するためのTIPSとして、Lintツールの導入をおすすめします。Lintツールとは、ソースコードを読み込んで内容を分析し、問題点を自動で指摘してくれる静的解析ツールです。

Lintツールを導入すると、レビュアーはコードの形式的な指摘をする時間を省けるため、コードのロジックやアーキテクチャの改善に集中できるようになります。また、コードの一貫性が保たれることで読みやすさも向上し、保守しやすいコードになるでしょう。

Lintツールの導入の際は、**細かなルールの設定をどこかにまとめておく**とよいでしょう。ルールを採用した（しなかった）理由などを、チームで作成しているドキュメントや、Lintルール設定ファイルのコメントに記載しておくと、新しいメンバーのキャッチアップに役立ちますし、後から議論する際にもわかりやすくなります。

表：Lintルール設定ドキュメントの例

ルール	説明	標準	チームルール	理由
Style/IfInsideElse	elseの中のif	○	×	ifをマージしないほうがわかりやすいことがある
Style/StringLiterals	"aa"より'aa'	○	×	流派が分かれるし生産的でない
Style/NegatedIf	否定条件にはunlessを	○	×	表現の幅を狭めることには慎重でありたい

8 作業ログをつけて参照場所をリンクする

【対　象】 レビュイー

【ルール】 ②客観的な根拠に基づく、④チームで仕組みを作る

【キーワード】 効率　理解のしやすさ

Goodパターン

inu_no_pochi

やったこと

Issue fix #29

動作確認手順

- ○○○
- ○○○
- ○○○

気になること

商品が注文可能か確認するために呼ばれる△△△メソッドの命名について、違和感や他の案があればコメントいただきたいです。
メソッド名検討ログ：
https://example.com/archives/C061CDZ48N5/…

コードを書き終えてPRをオープンするまでに、レビュイーは様々な思考や選択を行います。例えば、メソッド名の検討や、読みやすさや責務を考慮したメソッドの分割、パフォーマンスの計測などです。これらの**試行錯誤の過程は、作業ログとして記録しておき、レビュアーにも共有する**とよいでしょう。

作業ログとは、チャットツールなどを使ってスレッド形式でリアルタイムに思考や調査のメモを残しておく方法です。

inu_no_pochi

メソッド名検討スレッド

inu_no_pochi

メソッドの役割

- 商品が注文可能か確認するために呼ばれる
  - 在庫が十分にあるかどうかを検証する

inu_no_pochi

考えた候補

- validate_stock_availability
- check_stock
- stock_available?

inu_no_pochi

呼び出すときにtrue/falseを返すことがわかりやすいように「?」をつけたい。

- product.xxxx?
- stock_available?
- has_enough_stock?
- can_supply?

inu_no_pochi

他のコードでも在庫をstockと表しているからstockを使いたい。

product.stock_available? が長くなくてよさそう。

ログを残す際のポイント

ログを残す際には、「**事実だけでなく、自分の考えも記録する**」よう心がけましょう。事実とは操作手順・コマンド・ログ・スクリーンショットなどです。それに加え、自分が何を考えどう判断したのかも重要です。例えば、「なぜそのアプローチを選んだのか」「どんな選択肢を考えたのか」「その他の理由や根拠」などです。自分の考えを残しておくと、レビュアーにも背景が伝わりやすく議論の際にも役立ちます。

また、第三者が作業ログを読んで、状況や意図が理解できるように丁寧に書く必要があります。作業ログをはじめて読む人がどのように感じるか意識しながら書いてみましょう。

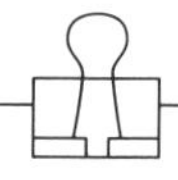

COLUMN ｜ レビューをゲーム化してみよう!

レビューって毎回、「何をどう書こう？」と悩みますよね。気をつけたいことが多いあまり、考えすぎて手が止まることもしばしばです。

考えすぎてレビューの手が止まらないように、こんな工夫はどうでしょう。まず、自分が特に「気をつけたいポイント」を考えます。次にそのポイントをクリアできるような「ルール」を設定します。つまり、レビューをゲームにするのです。例えば、次のようなポイントとルールを設定します。

- ポイント：プラスのフィードバックも伝わるレビューにする
- ルール：コメントでポジティブワードを必ず3つ入れる

- ポイント：レビュイーが成長を感じられるフィードバックを意識する
- ルール：「前回よりよくなっている点」を見つけて1つ伝える

- ポイント：感情的・主観的なコメントにならないようにする
- ルール：コメントを書く前に「What・Why・How」の3視点に分けて整理する
  - （What：何を指摘したいか／Why：なぜ指摘が必要か／How：どう直すとよいか）

「完全に自由に書いていい」レビューでは「何から書いていいかわからない」状態に陥りがちです。ルールの形で縛りを設けると、レビューの取っ掛かりができ、ポジティブにレビューを始められるのです。さらに、気をつけたいポイントと対処が明確になっているため、**「これをクリアしていれば自分がやりたいレビューの方向性になっている**」という自信を持てます。

レビューのルールは相手に開示してもしなくてもかまいません。楽しくレビューに取り掛かるための、ちょっとした秘密にしておくのもいいですね。まずは自分ルールを1個決めて、次のレビューから試してみることをおすすめします。

9 相談までの時間を決める

【対　象】 レビュアー　レビュイー

【ルール】 ④チームで仕組みを作る

【キーワード】 効率　仕組み化

Bad パターン

この問題は、なかなか難しいな……。でもしっかり考えればわかりそうだし、じっくり時間をかけて調べて検討してみよう。

Good パターン

この問題は難しそうだから、あと15分調べてみてわからなければ先輩に相談してみよう。

PR作成やコードレビューの際、自分で解決しようとする気持ちや相談をためらう心理から、つい1人で考え込み、時間をかけすぎてしまう場合があります。しかし、実際には、1人で悩み続けることでチーム全体の効率が下がってしまうケースが少なくありません。

15分考えたら相談しよう

そこで、1人で考える時間をあらかじめ決めておき、わからなければそれ以上悩み続けず、積極的に相談することを心がけましょう。相談するタイミングの判断が苦手な人は、チームのルールとしてこうした制限時間を決めてもらうように働きかけるのもおすすめです。

例えば、**15分で解決しなければ、チャットツールで相談しながら調査を続けるという方法**があります。これにより、他の視点からのアドバイスを得ながら、効果的に問題解決へと進められます。さらに、時間を決めて相談する習慣を持てば、相談への心理的なハードルが下がるメリットもあります。

また、誰かに話を聞いてもらうと思考が整理され、新しい視点やヒントが見つかることがあります。相談は必ずしも、具体的な答えを求めるだけではなく、自分の考えを整理する手段としても非常に役立ちます。

誰かに話を聞いてもらう際には、**壁打ち相手には自分の状態を伝える**ことが大切です。例えば「考えがまとまっていないけど話を聞いてほしい」「選択肢を考えたので聞いてほしい」などです。その上で前提となる情報や、やりたいこと、課題に感じていることなどを説明しましょう。

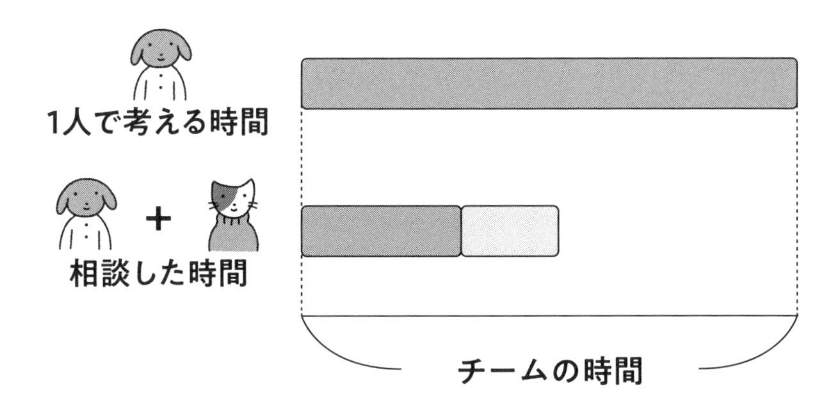

図：相談すればチームの時間を節約できる

10 詰まっていることを伝える

【対　象】 レビュイー

【ルール】 ⑤率直さを心がける

【キーワード】 率直さ　効率

Bad パターン

tamamoto

在庫の更新時は複数ユーザーが同時に操作した場合を考慮してください。

調べてみると方法はいろいろありそう、でもどの方法が最適なのかよくわからないし、実装方法もあまりイメージできない……。それに、タマ本さんは障害対応に追われていて忙しそうだし……。どうしよう困ったな。

Good パターン

レビューコメントを受けて対応を考えているのですが、イメージが湧かなくて詰まっています。どなたか相談に乗っていただけませんか？

今ならちょうど時間が空いているので話せますよ！

PRの作成時や不具合修正タスクなどで行き詰まってしまい、前に進めなくなってしまった経験はないでしょうか。例えば、以下のようなケースです。

- レビュアーからの指摘に対応しようとしても、よい解決策が見つからない
- ある箇所の不具合を解消しようとすると、他の箇所にも影響が出るので別の対応策を考えているが答えが見つからない

あなたの状況を相手がわかっているとは限らない

そのような状態に陥ると、問題解決が困難になるだけでなく、モチベーションも低下してしまいがちです。「このレビューコメントにどう対応すべきか」「自分の理解が間違っているのではないか」といった不安がつのり、PRの完了が遠のいていくように感じるかもしれません。さらに、他のチームメンバーはあなたが詰まっている状況に気づいていない可能性もあります。

詰まっていると感じた際は、積極的にその状況をチームメンバーと共有しましょう。例えば、**チャットツールで困っている内容を伝える**とよいでしょう。そうすれば、メンバーからアドバイスやヒントをもらえる場合もありますし、時間がかかっている理由を他のメンバーにも理解してもらいやすくなります。

チーム内での情報共有は、効率的な開発を進める上で非常に重要です。これにより、問題が早期に解決され、チーム全体の生産性向上に繋がります。さらに、このようなコミュニケーションを積み重ねていくと、より協力的でオープンなチームの文化が醸成されていくでしょう。

自分の状況を共有する際は、わからないレベルを伝えると相手が理解しやすくなります。詳細はTIPS「わからないレベルを伝える」（p.154）を参照してください。

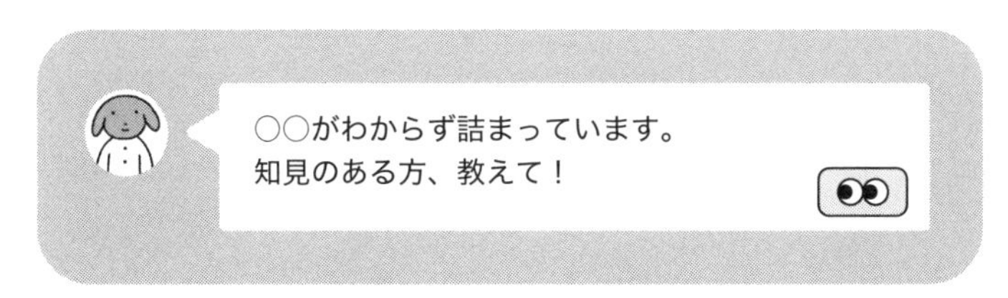

図：チャットでヘルプを出す

Part 3 TIPS編

11 わからないレベルを伝える

【対　象】 レビュイー

【ルール】 ⑤率直さを心がける

【キーワード】 率直さ　効率　理解のしやすさ

Bad パターン

○○○の実装について相談させてください。

Good パターン

どこがわからないかもわからないんですが、○○○の実装について話を聞いてもらえますか?

不安なときは理解度を伝えよう

PRレビューで指摘をもとに修正しようとしている際に、レビュアーの意図が理解できなかったり、自分の認識が合っているか不安になったりする場面もあるでしょう。そのような状況でレビュアーに相談する場合、自分の理解度を明確に伝えると効果的です。

具体的には、相談する際に前もって「どこがわからないかもわからないんですが」「考えの方向性を聞いてほしいです」「自分の理解が合っているか確認させてください」などの状況を伝えるとよいでしょう。

相談する側が自分の状況を明確に伝えなかった場合、相談を受ける側は相手の理解度を推測するしかありません。この推測が外れてしまうと相談を受けた側も的確なアドバイスができず、結果的に「○○○を教えてもらいたかったのに、なんか違う……」や「基本的なことを教えて欲しかったのに、高度な内容が返ってきた」と相談した側が感じる事態になってしまいます。このようなすれ違いを避けるためにも、自分の理解度を相談相手に伝えるよう心がけましょう。

相談相手に自分の理解度を示したり、具体的な問題箇所を正確に伝えれば、相談の質が向上し、問題解決の助けになります。相談をする側・受ける側双方にとって、効率的でよいコミュニケーションが取りやすくなるのでおすすめです。

図：理解度を伝える

Part 3 TIPS編

12 遠回しに言わない

【対　象】 レビュアー　レビュイー

【ルール】 ⑤率直さを心がける

【キーワード】 率直さ　効率　理解のしやすさ　答えやすさ

Bad パターン

tamamoto

このメソッドをはじめてみたとき、定義の部分の長さの見た目が気になりました（引数の多さによるものだと思います）。もちろんよく読めば意味はわかったのですが……。

Good パターン

tamamoto

このメソッドは引数が多すぎます。引数をオブジェクトとしてまとめる、構造から見直すなどの必要がありそうです。

気を遣ってやんわりと伝えるコミュニケーションは、PR上のやり取りに向きません。**遠回しな表現には、遠回しな表現を使うコストとストレス、読み手が遠回しな表現を読み解くコストとストレスがかかります**。もし読み手が遠回しな表現を読み解き間違い、書き手の意図と異なる反応や修正をした場合、その後のコミュニケーションにはさらなるコストとストレスが発生します。

遠回しな表現ではなく情報を揃えよう

遠回しな表現は、相手の感情を慮って使う場合が多いでしょう。しかし、遠回しでない率直な表現で相手が気分を害するとしたら、そこに足りないのは表現ではなく情報です。相手が攻撃されたと感じるのは、「これは純粋に質問です」というコメントの意図についての情報が足りないのかもしれません。あるいは、事実や公式ドキュメントに基づいた指摘かどうかという情報が足りなかったり、相手の知識レベルと揃わない指摘の仕方をしたりする可能性も考えられます。

- ☑ **コメントの意図を伝えている**
- ☑ **事実や公式ドキュメントなどの根拠を示している**
- ☑ **相手の知識レベルを考慮している**

図：伝えるべき情報が揃っているか？

相手の気持ちを慮るなら、遠回しな表現を使う前に、十分に情報を揃えることを考えましょう。遠回しな表現が必要だと感じられる現場は、信頼感が不足している現場です。信頼感を育てるために必要なのは、奥歯に物が挟まった、何を言わんとするかわかりにくい表現ではありません。相手が内容を理解するための十分な情報、そして相手を信頼する態度です。

率直な意見をもらったときは、「性善説で考える」ことも重要ですね（p.134）。コミュニケーションの初手で相手の悪意を想定せず、ともによいプロダクトを作ろうという意思を前提にすることです。

この間タマ本さんに「ここ間違ってる。正しくはこう」っていうコメントと公式ドキュメントへのリンクだけもらったんですけど、これだけで十分伝わるって思われてるのも信頼の証だなって思いました。

Part 3 TIPS編

13 自分の考え・意見を添える

【対　象】 レビュアー　レビュイー

【ルール】 ③お互いの前提知識を揃える

【キーワード】 効率　理解のしやすさ　答えやすさ

Bad パターン

tamamoto

この場合、サーバー側でまとめて全リストを作ってから、フロント側でページ分割して表示するやり方と、ページごとにリクエストして1ページ分のリストをやり取りするやり方があります。

Good パターン

tamamoto

この場合、サーバー側でまとめて全リストを作ってから、フロント側でページ分割して表示するやり方と、ページごとにリクエストして1ページ分のリストをやり取りするやり方があります。今回は全リストがいいと思っていて、理由はリストが多くても100件にしかならないため、リクエスト回数を減らしてサクサク動くようにしたいからです。

事実とともに自分の考え・意見を添えることは、意識したいポイントです。コミュニケーションにあたって、相手に十分な情報を提供するという観点から重要な手法の1つです。

例えば、コメントで実装方法の改善を提案するとき、「Aの方法とBの方法があります」と選択肢を提示するのはよくあることです。その際に、選択肢を挙げた上で、自分はどの選択肢をよいと思うか、そしてなぜそう思うのかを添えると、より情報量が増します。この場合の利点は2つあります。

- **提示された側に、考える手がかりを提供できる**
- **提示された側が、自分と異なる選択肢を選んだ際に、後から反論→議論となる1ターン分のやり取りを簡略化できる**

素早く議論を始めよう

つまり、相手が考えるための情報を提供すると同時に、さっさと議論を始めてしまうのです。これは自分の考えを押しつけるためのやり方ではありません。**相手との意見の応酬を期待する**のです。提示した意見に相手から反論や、疑問が返ってきた場合は、問題の理解を深める機会と捉えて、建設的な議論を心がけましょう。

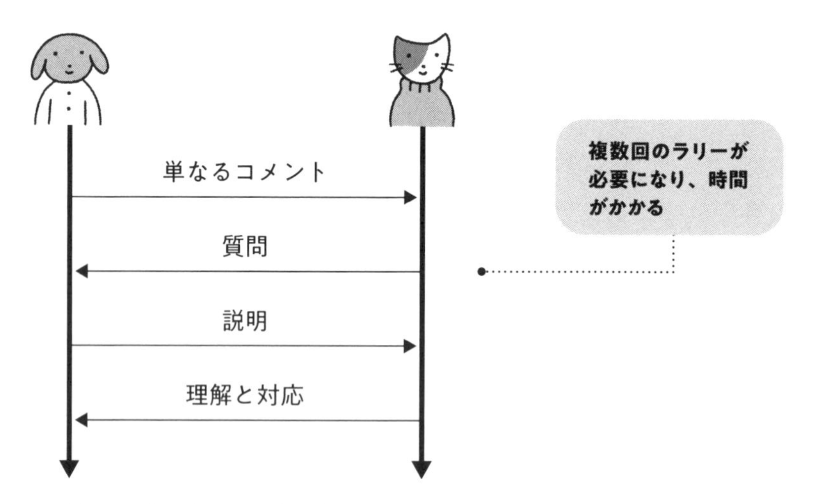

図：意見を添えなかった場合のやり取り

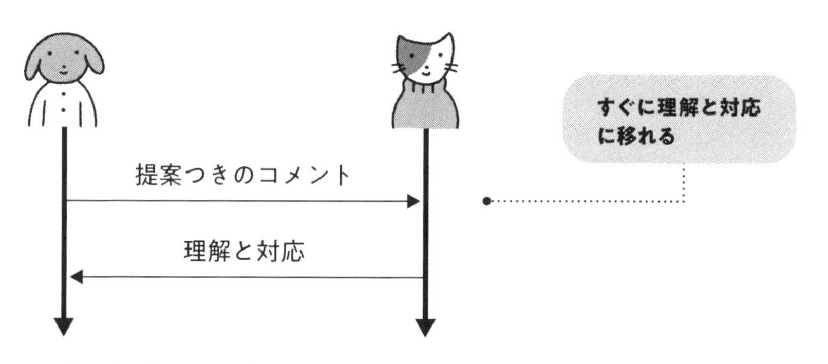

図：意見を最初に添えた場合のやり取り

また、自分の考えを添えるのは、選択肢を提示する場合だけではありません。他にも質問の際「なぜAという方法をとったのですか？」と聞くより、「ここでAという方法をとったのは、〜〜という理由かと考えたのですが、この理解で合っていますか？」と聞くほうが、聞かれた側はずっと答えやすくなります。これも、相手のために、そしてコミュニケーションを始めるために十分な情報を提供するやり方です。

タマ本さん、差し入れのアイス、桃味とぶどう味どっち取ります？

えーと、桃にします。

ちなみにおすすめはぶどう味で、なぜかというと別のいただきもので本物の桃が山のように届いているからです。これから飽きるほど食べなければいけません。

そういうのは早く言ってくださいよ。

14 根拠がないなら根拠がないことを添える

【対　象】 レビュイー

【ルール】 ②客観的な根拠に基づく、③お互いの前提知識を揃える

【キーワード】 効率　受け取りやすさ　理解のしやすさ

Bad パターン

inu_no_pochi

外部から提供されたAPIがちゃんと動きません！　不具合では！？

Good パターン

inu_no_pochi

外部から提供されたAPIからレスポンスが返ってきません。まだ調査中なので正確なことはわかりませんが、パラメーターの設定に何か問題があって処理が詰まってしまっているのかもしれません。パラメーターの投げ方が合っているか確認して、もう少し調べてみます。

本書では何度も「想像で物事を話さない」「根拠や理由を添える」ということを述べてきているため、このTIPSのタイトルに混乱する方もいるかもしれません。しかし、これは一貫して同じことを言っているのです。

相手が想像で物事を話すとき、何が困るのかというと、「事実」と「想像」が混ざってわからなくなってしまうことです。しかし、これは裏を返せば、混ざりさえしなければよいという話なのです。

事実と想像を分ける

レビューをしていると**「うまく説明はできないがなんとなくそう思った」というような第六感が働くとき**があります。そういうときは「これは勘なのですが」「調べていないのではっきりした根拠があるわけではないのですが」という言葉をきちんと添えましょう。根拠のないことが明示されているならば、自分の気持ちを伝えることは問題ないのです。

考えていることを全て即座に言語化するのは非常に難しいものです。なんとなく感じたことが、ただの勘に過ぎないかというと、必ずしもそうではありません。それは、これまでの開発経験から得たセオリーや、過去の失敗がうっすらと記憶に残っていることから生まれる、いわば「職人の勘」のようなものでしょう。

もちろん、これを事実として断定的に伝えてしまうのは問題があります。しかし、「事実ではない」と前置きした上で、感じたことを共有することは、時に重要な情報共有となる可能性がある大事な行動です。

15 詳細を明示する

【対　象】 レビュアー　レビュイー

【ルール】 ②客観的な根拠に基づく、③お互いの前提知識を揃える

【キーワード】 効率　理解のしやすさ

Bad パターン

inu_no_pochi

軽微なリファクタリングです。変数名`amount`を`total_amount`に変更しました。

Good パターン

inu_no_pochi

軽微なリファクタリングです。変数名`amount`を`total_amount`に変更しました。同じブロック内に変数`item_amount`があるため、意味の違いを明示する目的です。

PR上のコミュニケーションで明示される詳細な情報は、相手の適切な判断と、建設的な議論の足がかりになります。

Goodパターンと Badパターン、2つのディスクリプションを比べてみてください。Goodパターンのほうが、レビュアーはストレスなくコードの受け入れ可否を判断できるでしょう。また、議論が必要な場合も、より建設的な形で議論を始めやすくなります。

詳細を明示するコメント

コメントでも同じことがいえます。次のコメントは詳細のわからないBadパターンです。

tamamoto

変数名は`total_amount_with_tax`のほうが適切だと思います。

次のように、詳細や意図をきちんと補足しましょう。

tamamoto

変数名は`total_amount_with_tax`のほうが適切だと思います。混同が懸念される`item_amount`は税抜き価格ですが、この変数に格納される値は税込みのため、その違いも明示できればよりわかりやすいコードになります。

要らない情報を長々と書くのもよくないと思うし、ちょうどいい量の詳細情報ってどれくらいですかね……。

コツとしては、ディスクリプションやコメントを書いてから、一度視点を変えて、それを受けて読む側になったつもりで読み直してみるといいですよ。意外と、この点についてもっと情報が欲しいな、ここが足りないな、という内容が見つかるものです。

16 何をして欲しいかを伝える

【対　象】 レビュアー　レビュイー

【ルール】 ⑤率直さを心がける

【キーワード】 率直さ　受け取りやすさ　理解のしやすさ　答えやすさ

Bad パターン

すみません、このコードのことなのですが、動作確認でこんなことが起きてまして、それでコードを確認したらこれこれで、だからお昼ごはんも食べる暇なくずっと調査をしているんですけど、それで……。

Good パターン

タマ本さん、すみませんがアドバイスをいただけますか？　このコードの動作確認で問題が出ているんですが、具体的にはこの部分が原因だと思います。A案かB案のどちらで修正するべきか悩んでいるので、どちらがよいか相談に乗ってほしいのです。

Badパターンのように話しかけられたら、あなたはどう思いますか？ 「ええい、結論から話せ！」と感じるのも無理はないことでしょう。

人は他人の話を聞くとき、**その内容や意図によって「どういうスタンスで聞くべきか」を無意識に判断しています**。例えば、相手が相談を求めているのか、何かを決めてほしいのか、それともただ話を聞いてほしいだけなのか……。その意図がはっきりしていると、話を聞く側としても受け取りやすく、ストレスを感じることが少なくなります。しかし、もしあなたの話し方が長々とした前置きばかりで、結論が曖昧であれば、聞いている相手に無意識のうちにストレスを与えてしまうかもしれません。

スタンスは明確に

そのため、特に誰かに相談をしたい場合には、できるだけ話を具体的に整理してから伝えることが大切です。例えば、「AとBで悩んでいるが、どちらがよいと思いますか？」といった形で具体的に質問をすれば、相手もすぐに的確なアドバイスをしやすくなります。また、話をまとめることで、あなた自身も問題点をより明確に把握でき、スムーズに対話が進むでしょう。

このように、相手がどのようなスタンスで話を聞けばいいのかを最初に伝えることは、対話の質を高め、誤解やストレスを減らすために非常に重要です。ぜひ、意識してみてください。

17 「念のため」の確認をする

【対　象】 レビュアー　レビュイー

【ルール】 ③お互いの前提知識を揃える

【キーワード】 効率　思い込まない

Bad パターン

tamamoto

○○○メソッドよりも△△△メソッドを使ったほうがパフォーマンスがよくなるよ。

inu_no_pochi

確かに！　修正してみます。

あれっ？　でも戻り値が変わるから他の箇所も修正しないといけないってこと？　影響範囲が広いけど……やってみるか。

Good パターン

tamamoto

○○○メソッドよりも△△△メソッドを使ったほうがパフォーマンスがよくなるよ。

inu_no_pochi

確かにそうですね！　パフォーマンスのことは気にかけていませんでした。念のため確認ですが、△△△メソッドにすると戻り値も変わってしまうので他の箇所も修正しないとですよね？

tamamoto

そうだった！　やっぱり、他の箇所へ影響させたくないから○○○メソッドのままにしましょう。

「念のため」の大切さ

「念のため」確認を行う習慣は、様々な場面で役に立ちます。例えば次のような場面です。

- レビューコメントの通りに修正したことによる影響を確認する場面
- 設計に先立って行われる仕様確認ミーティングで、共有された内容の認識に齟齬がないか確認する場面
- ペアプログラミングでナビゲーターの助言に対し、自分の理解が正しいか確認する場面

特に口頭でのコミュニケーションでは、相手の話を正確に理解したと感じていても、実際には意図や内容に齟齬が生じていることも少なくありません。そうした誤解を防ぐために、ただ相手の話を聞くだけではなく、自分の理解した内容を相手に示して確認する習慣は非常に重要です。

「念のため」の確認は、ミスコミュニケーションを避け、チームメンバーとのよりよい関係を構築する助けになります。そしてリスクを防ぐだけでなく、チームの効率を向上させる効果もあります。

18 同期コミュニケーションに移行する

【対　象】 レビュアー　レビュイー

【ルール】 ④チームで仕組みを作る

【キーワード】 効率　仕組み化

Bad パターン

レビューしているPRについてですが、○○○ファイルに追加したメソッドをもう少し読みやすくリファクタリングしてほしいです。

わかりました。ループのあたりですか?

ループもですが、△△△の処理は○○○クラスの責務だと思うんですよね。

確かに。修正してみます。

あとここは、こんな感じで効率よく取得できそう（↓）。

コードの修正例

それと、メソッド名も変えたいかも。

細かいやり取りが増えてきてわかりづらくなってきたぞ……。

Good パターン

それと、メソッド名も変えたいかも

同期で話したほうが進めやすそうなので、今から通話をお願いできますか?

チャットと会話を切り替える

チャットでのやり取りが数十件続いてくると、別の作業をしながらチャットをしているつもりでも、実はかなりのスイッチングコストがかかっていて、効率が悪くなってしまう場合があります。また、チャットでのコミュニケーションでは相手の捉え方がわかりにくかったり、誤解が生じたりすることもあるでしょう。

そこで「**チャットが◯ターン続いたら、同期コミュニケーションに移行する**」という、ルールを決めておくことをおすすめします。そうすると、チャットでのやり取りが長くなりそうだと感じた時点で会話に移行したり、思いのほか複雑な話になってしまった際にも、すぐに会話に切り替えたりすることができます。

19 質問先を明示する

【対　象】 レビュアー　レビュイー

【ルール】 ④チームで仕組みを作る

【キーワード】 効率　答えやすさ

Bad パターン

inu_no_pochi
パフォーマンス向上のため集計ロジックに手を入れています。問題なさそうでしょうか？

Good パターン

inu_no_pochi
@tama-moto パフォーマンス向上のため集計ロジックに手を入れています。元の実装をされたのはタマ本さんのようですので、問題ないか見ていただけますか？

「誰に応えてほしいのか」をはっきりさせよう

PRレビューはレビュアーが固定でなかったり、複数人がレビューしたりする場合も多くあります。そういった場合にPRを出す際、ディスクリプションで不安な箇所を質問するなら、**誰に答えてほしいかをはっきりさせ、メンションを飛ばしておくと、回答率と回答速度が上がります**。さらにメンションをつけた理由も添えると、受けた側も求められている行動がわかって回答がしやすくなるでしょう。

逆に、ふんわりと誰宛でもなく放たれた質問は、複数人でレビューする場合、誰がボールを拾うのかはっきりとせず、お見合いになってしまうこともあります。確実な回答を得たいなら、質問先をはっきりさせるのが有効です。

なるほど、緊急時に雑踏で助けを呼ぶとき、「救急車を呼んでください！」と不特定多数に呼びかけるより、「その青いスーツの方、救急車を呼んでください！」と指名して頼んだほうが動いてもらいやすい、っていうのと同じですね。

たとえがぶっそうですが、そういうことです。ただ雑踏と違って、質問先を指名する場合は、その事柄について一番詳しそうな人を選ぶなど、基準がわかりやすいほうがよいでしょう。「この件はタマ本さんが最初から関わっていらしたのでお聞きしますが～」といった前置きがあると、質問された側も何を期待されているかがわかって答えやすいですね。

「期限を明示する」（p.176）、「聞きたいことを絞る」（p.180）などのTIPSと組み合わせるのも有効そうですね！

20 上手に催促する

【対　象】 レビュアー　レビュイー

【ルール】 ⑤率直さを心がける

【キーワード】 言葉づかい　受け取りやすさ　答えやすさ

Bad パターン

すみません、先週お願いしたレビューまだですか？

Good パターン

この間お願いしたレビューですが、今週中にマージしないとリリースに間に合わないため、急ぎで見ていただいてもよいですか？

上手な催促のポイント

誰かに何かを催促するのが得意という人は、それほど多くないように思います。自分自身が催促されたとき、「遅れたことを責められている」と感じて申し訳なく思ってしまう人がほとんどでしょう。そのため、いざ自分が催促する立場になると、相手に対してつい遠慮や気後れをしてしまうのです。

しかし、実際の開発現場では「PRをレビューしてもらえない」「PRへコメントしたのに、その修正が上がってこない」など、催促を必要とする場面はかなりあります。そのため、上手に催促するテクニックはとても大事です。

催促する際のポイントは「**柔らかく書く**」「**なぜ催促しているのかという自分側の理由、都合を必ず添える**」の2点です。

柔らかく書くためには、以下のポイントに気をつけます。TIPS「性善説で考える」(p.134) を意識するとわかりやすいでしょう。

- **相手が忘れていると決めつけない**
- **相手がわざと無視しているとは思わない**
- **相手だって忙しいと考える**
- **ちょうど今やっているかもしれないと考える**

「まだですか？！」「いつになったらできるのですか？！」と言わずに、「忙しいところ大変申し訳ないのですが」「行き違いでしたら申し訳ありません！」などの文章を添えるとよいでしょう。

そして、「なぜこの件を催促しているのか」という自分側の理由、都合を必ず添えましょう。催促する理由があることで催促されたことへの納得感が高まるため、責められているという感覚が薄れるのです。

その他、「詰まっているなら相談に乗りますけど、どんな感じですか？」「何か困っていることはありますか？」などという声かけ型の催促も有用です。

21 期限を明示する

【対　象】 レビュイー

【ルール】 ⑤率直さを心がける

【キーワード】 率直さ　効率

Bad パターン

inu_no_pochi

@tamamoto　急ぎでレビューをお願いします。

Good パターン

inu_no_pochi

@tamamoto　○月△日までにマージしたい急ぎのPRです。
明日の13時までにレビューをお願いできますでしょうか。

急いでいるときは急いでいると伝えよう

コードレビューの過程で、急いでレビューや返答が必要な状況はよくあります。そのような場合、期待する締切を明確に伝えると、必要な返答をスムーズに得ることができます。また、これは特に急ぎではない状況でも、円滑にレビューを進められる有効なテクニックです。

相手から早めに回答を得たいときや、締切が迫っているとき、あるいは通常の優先度であっても、その状況を迅速かつ明確に伝えましょう。

相手が忙しいかどうかを気にしてためらう必要はありません。**スケジュールの管理や調整は相手の問題であり、忙しいかどうかは相手が判断すること**です。むしろ、状況を正確に伝えれば、相手も適切に優先順位をつけられます。

締切を伝えずに後から急かすのは避けましょう。そうした対応は、相手に余計なプレッシャーやストレスを与えるだけでなく、チームの雰囲気も悪くしかねません。期限を明確に伝えれば、お互いの時間管理がしやすくなり、結果的にチームの効率的な開発に繋がります。

コードレビューにおいて期限を伝える手段をいくつか紹介します。

- **PRのディスクリプションに記載する**
  - 「X月X日までにマージ予定なので優先的にレビューをお願いします」
  - 「遅くても○月△日までにマージしたいPRです（急いでいない場合）」

- **PRのインラインコメントやチャットツールで、レビュアーへメンションをつけて急いでいることを伝える**

- **ペアレビューを依頼する（同期でレビューしてもらいながら修正を行う）**

22 すぐには返せないことを伝える

【対　象】 レビュアー レビュイー

【ルール】 ⑤率直さを心がける

【キーワード】 率直さ 効率 受け取りやすさ

Bad パターン

レビューで仕様について質問が来ているけど、これ営業部署からの追加資料待ちだなぁ。明日か明後日には資料来るだろうしちょっと置いておこう。

Good パターン

inu_no_pochi

この仕様については現在営業部署確認中となっています。一両日中に回答が来るはずなので、明確になった時点で回答しますね。

「すぐに返せないこと」をすぐに伝える

PRのレビュー依頼を受けたときや、PRに関するやり取りで質問を受けたとき、すぐには取りかかれない、もしくは回答に時間がかかる場合もあります。他に急ぎのタスクを抱えていたり、レビューのための調査に時間がかかったりと、理由は様々です。すぐには返せないことがはっきりしている場合、**「まと**

まった反応に時間がかかる」ことだけはすぐに伝えましょう。その場合、伝えるべき内容は次のセットです。

- **今すぐには返せないこと**
- **返せるようになる見込み時期（時期が不明なら不明であること）**
- **（オプション）必ず自分を待ってほしいか、依頼を他の人に回してほしいか**

上記の情報が返ってくれば、依頼・質問した側も、時期が遅くなっても待つべきかどうかを判断できます。

逆に、時間がかかることを伝えずにいた場合、レスポンスの「待ち」の間は、次の計画への影響を測れないまま進行が止まってしまいます。無駄や遅滞の原因になるため、避けたい事態です。

さっきレビュー依頼出しておいたから見てくれますか？

あっすみません。明日泊まりがけの出張が入っていて今からその準備なので、見始められるのが週明けになってしまいます。

あ、じゃあミミ沢さんに見てもらいますね。共有ありがとうございます。

はい、出張が福岡で、終わるのが金曜なので、終わった後は水炊き食べてごま鯖食べて締めは屋台のラーメン食べて、次の日ごぼ天うどん食べて帰ります！

そこまでの共有はいいかな……。お昼前なのでお腹が減ってきました。

23 聞きたいことを絞る

【対　象】 レビュアー　レビュイー

【ルール】 ③お互いの前提知識を揃える

【キーワード】 効率　受け取りやすさ　理解のしやすさ　答えやすさ

Bad パターン

inu_no_pochi

質問が3点あります。

1. ここでのstatus: draftは、「まだ一般ユーザーには公開しない状態」の意味でしょうか？
2. 1.がもし「まだ一般ユーザーには公開しない状態」ということでしたら、status: unpublishedとの違いはどの点になりますか？
3. admin権限のユーザーはステータスにかかわらず閲覧可能、の認識でよいでしょうか？

Good パターン

inu_no_pochi

1点質問させてください。admin権限のユーザーはステータスにかかわらず閲覧可能、の認識でよいでしょうか？

もっとも重要な質問だけを先にする

複数の質問事項に確実に答えが欲しい場合、あえて**優先度の高い1つの質問のみに絞る**、というテクニックがあります。

質問したいことが3つあるとします。あなたはPRの1つのコメント欄にまとめて3つを記載しました。質問事項にはわかりやすいように1、2、3と番号を振って箇条書きにしています。しかし、帰ってきた回答は1についてのみ、といった経験はないでしょうか。その場合、あなたは2、3について再度質問することになります。しかも、実は3についての回答が一番急ぎで、3の答えがなければ一度作業を止めざるを得なかったとしたら……。作業の効率が下がってしまうことは言うまでもありません。

このような困った事態を防ぐために、1、2への質問を一旦出さずに、3のみに絞った質問を投げるのです。そうすれば、3についての回答が得られない可能性はぐっと減ります。一度に複数の質問を投げるとき、質問者にはコミュニケーションの効率を上げたい、何度も質問を投げるのは相手の負担になりそうで遠慮がある、など様々な意図があるでしょう。ですが、いっぺんに複数の質問の回答を要求するのは、かえって回答者の負担を増してしまう場合があります。というのも、**質問者と回答者の間には、情報処理に対する不均衡がある**からです。質問者は、まずAについて考えて質問1を思いつき、Bについて考えて質問2を思いつき、さらにCについて考えて質問3を思いつき、最後にその1、2、3をまとめて質問する、という段階を踏んでいます。しかし、回答者は何について質問がくるのかわからない状態で、質問1、2、3を一度に受け取り、AとBとCについて考えながら回答しなければならないのです。回答者のほうが混乱、あるいは考え漏れが起こりやすい状況にあります。

そのため、**質問に答えるときに回答者が視野に入れなければならない情報を絞る、という意図で質問事項を絞る**のです。最終的には、そのやり方のほうが効率よくコミュニケーションできる場合も多くあります。

コードレビューは幸い、非同期にできるコミュニケーションですので、必ずしも3の回答を待って1の質問をしなければいけないわけではありません。例えば自分がレビューするターンだとして、1つのコメント欄に1つの質問を書いて、合計3つのコメント欄に分けてレビューするだけでも、回答者が考えに入れなければならない情報を絞ることができます。

24 相手の知識に合わせる

【対　象】 レビュアー　レビュイー

【ルール】 ③お互いの前提知識を揃える

【キーワード】 言葉づかい　効率　受け取りやすさ　理解のしやすさ　答えやすさ

Bad パターン

tamamoto

ここは送料は固定です、送料動的区分が効くパターンのため専用のメソッドを使ってください。

Good パターン

tamamoto

ここは送料は固定です。わかりにくいのですが、製品の種類によって送料が固定かそうでないかが変わるため、`calc_shipping_fee(items)`を使ってください。送料の仕様については こちら（リンク）にあります。

コメントの書き方は相手によって変わる

PR上でのやり取りの際、コミュニケーション相手の知識レベルを考慮に入れて、何を書くべきかとどのように書くべきかを選択します。知識レベルは、例えば以下の要素で上下します。

- **このプロジェクトでの経験**
- **プログラマーとしての経験**
- **PRに対する関わり方（仕様を決めるミーティングに出席していたかなど）**

何を書くべきかは、「相手が何を知らないか」によって決定します。例えばレビュアーがPRについての背景知識が薄ければ、レビュイーはチケットや仕様決定の経緯などを丁寧に説明するといいでしょう。レビュイーが経験の浅いプログラマーであれば、レビュアーは経験の共有も意図しつつ、公式ドキュメントへのリンクや、考え方の説明などを加えながらレビューコメントをするといいでしょう。

どのように書くべきかについても、相手の知識レベルに合わせて、主に語彙の選び方に注意しましょう。そのプロジェクトに関する知識の薄い相手には、プロジェクト特有の用語を解説なしに使わないようにするべきです。

じゃあ、このPRの背景をよく知っているミミ沢さんには「よろしくおねがいしまーす！」の一言でディスクリプションを終わらせてもいいのでしょうか？

うーん、PRを読む人の中には「いつかの未来にコードの履歴を調べる人」がいるんですよね。それは、今のプロジェクトメンバーが全員いなくなった後の新しいメンバーかもしれませんし、半年後に何もかも忘れた自分かもしれません。そんなときにPRを探して「よろしくおねがいしまーす！」とだけ書いてあったらどう思います？

PRの主を探し出して文句の１つも言いたくなりますね。

そういうことです。どんなに自明の内容に思えても、後から見返してもわかるレベルの情報は残すことを意識しましょう。

25 はい・いいえで答えてもらう

【対　象】 レビュアー　レビュイー

【ルール】 ⑤率直さを心がける

【キーワード】 言葉づかい　効率　答えやすさ

Bad パターン

tamamoto

この問題はどうしますか？

Good パターン

tamamoto

この問題は、パスワードを全員に再設定させる実装にする方向で進めますか？

オープンクエスチョンとクローズドクエスチョン

「この問題はどうしますか？」と問いを投げかけて、相手からの返答が途絶えたり、要領を得ない回答しか得られなかったりした経験はないでしょうか。相手にはっきりと何かの決定をしてほしい場合は、「はい・いいえ」で答えられる質問にするのも1つのテクニックです。例えば、「Aというやり方とBというやり方があります。Aのほうがこういう点で優れているのでAで進めようと思います。いいですか？」などです。

「この問題はどうしますか？」のように自由に回答できる質問をオープンクエスチョン、「Aで進めようと思いますがいいですか？」のように「はい・いいえ」で答えられる質問をクローズドクエスチョンと呼びます。

オープンクエスチョンは相手の自由な意見が聞きたいとき、情報を引き出して議論を広げたいときに有効です。逆に、**すでに情報が出揃い、あとは選択や決断だけが必要な場合は、クローズドクエスチョンの出番です**。また、情報や選択肢が多すぎて、方向性を絞り込みたい場合にもクローズドクエスチョンは有効です。

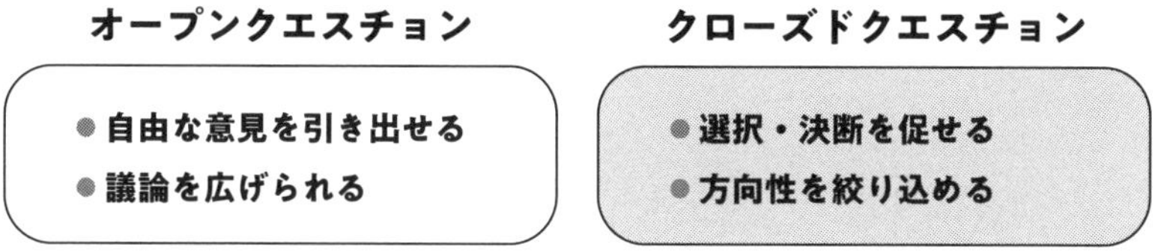

オープンクエスチョン	クローズドクエスチョン
● 自由な意見を引き出せる ● 議論を広げられる	● 選択・決断を促せる ● 方向性を絞り込める

図：質問を使い分ける

クローズドクエスチョンは話を進めたいときに便利なツールですが、相手の考えそのものや意見の表明に制限をかけてしまう面もあります。例えば相手はC案がよいと思っていたのに、「A案とB案のうちA案にしてもいいですか？」と問われて言い出せなくなってしまう、といったケースが発生することもあります。状況に合わせ、オープンクエスチョンとうまく使い分けましょう。

また、クローズドクエスチョンの返答が「いいえ」だった場合、提案者と回答者のその問題についての認識がずれている可能性が高いです（提案者はたいてい「はい」を想定した質問をするからです）。「いいえ」が返ってきた場合は、そこで終わらせず、認識のずれがないか、ギャップを埋めるにはどうすればいいかに留意して、発展性のある議論を続けましょう。

ポチ田さん、この件は結局Ａ案で行くことにしたんですよね？

（あっどうしようミミ沢さんがお休みの日の会議で別案が出てきてまだ決まってなくて……）えっとまずユーザーのニーズを見直してみたところ、パスワードの強度と利便性のバランスが取れてないって話がタマ本さんから……。

Ａ案とは違う話が出てきたんですね。ポチ田さん、「はい・いいえ」で答えられる質問には、最初に「はい」か「いいえ」で答えてから詳しく話してもらえると、聞くほうもわかりやすく聞けますよ。

はい！　いいえです！　……えっと、つまり、さっきの質問には「いいえ」っていう意味で……。

言葉って難しいですね。

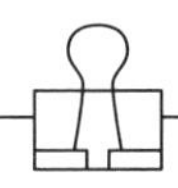

COLUMN ｜ 待たせない返事がチームの効率を上げる

チャットで話しかけられたとき、どのように返事をしていますか？特にリモートでの業務ではチャットツールでのやり取りがメインになると思います。その場合、「スピード感のある返事」が重要です。例えば、「○○の修正の件、今どんな感じですか？」と聞かれた場合、5分かけて状況を丁寧に書き込むより、まず「まだです！」と1秒で返し、その後「あと2時間でレビューに回せそうです！」と補足するほうが仕事はスムーズに進みます。相手が何を知りたがっているのかを意識し、まず簡潔に答えることで、待たされるストレスを軽減できます。

もちろん、状況を丁寧に伝えることも大切です。しかし、最初に端的な返事をすることで、相手はすぐに情報を得られ、**次の行動や思考に移りやすくなります**。相手を待たせない一言が、チーム全体の効率を上げる鍵です。チャットでのやり取りでは、意図を端的に伝えることを意識してみてください。

26 論破ではなく納得を目指す

【対　象】 レビュアー　レビュイー

【ルール】 ①決めつけない

【キーワード】 言葉づかい　受け取りやすさ　思い込まない　答えやすさ

Bad パターン

tosaka

なぜそういう修正になるのか理解ができません、もう少しコードの書き方について勉強してください。

Good パターン

tosaka

この修正は、同じ処理を別の箇所からコピペした形になってしまっているため、一箇所にまとめるとメンテナンス性が向上します。もしメモリ効率の面など、別の理由でこの形になっているのであればお知らせください。

議論がヒートアップしたときは

コードレビューに限らずどんなやり取りでも、議論がヒートアップするとつい相手を自分の意見に従わせようとしてしまいがちです。特に、コーディングについてはこだわりがあることも多く、議論も過熱しやすいものです。

もちろん、活発な議論それ自体は歓迎すべきものです。ですが、気をつけたいのは、白熱するあまり議論に勝つことが目的となっていないかという点です。

もし、相手を言い負かそうとしている自分に気づいたら、コードレビューの目的を思い出してみましょう。コードレビューの目的はコードベースを健全に保つこと、そしてチームの間で共通の価値基準、「よいコードとは何か」の文化を作ることです。自分と相手の双方が納得し、これがこのプロジェクトでのコードの受け入れ基準だ、と思えることがゴールなのです。具体的には、以下の点を振り返るといいでしょう。

- **言葉づかいが威圧的になっていないか**
- **相手の主張の根拠を理解した上で反論しているか**
- **自分の主張の根拠を相手に十分伝えられているか**
- **自分の主張の中で譲れない点と変更可能な点を区別できているか**
- **双方が納得のいくよりよい着地点があると信じて議論しているか**

納得すべきプロジェクトのチームの中には、議論の相手とともに、あなたも含まれています。ですから、やみくもに自説を曲げて妥協しようという話ではありません。双方の納得できる地点が必ずある、という前提で対話する姿勢が、チームの文化作りに繋がります。

ミミ沢さん、聞いてください、ポチ田さんと意見が食い違ってしまって。

2人の議論で煮詰まってしまったら、第三者に意見を求めてみるのはいい手ですね。それで、何が問題なんですか?

「_」をアンダーバーと呼ぶか、アンダースコアと呼ぶか、どっちが正しいと思いますか!?

……コードの質に関係のない問題は、あえて白黒つけなくてもいい場合もあるのではないでしょうか。ちなみに私はアンダーライン派です。

Part 3 TIPS編

27 Before／Afterの画像を載せる

【対　象】 レビュイー

【ルール】 ②客観的な根拠に基づく、③お互いの前提知識を揃える

【キーワード】 効率　理解のしやすさ

Bad パターン

メニューボタンの変更 #37

inu_no_pochi

・在庫一覧のメニューボタンが分離され、丸角の四角になっていること

Good パターン

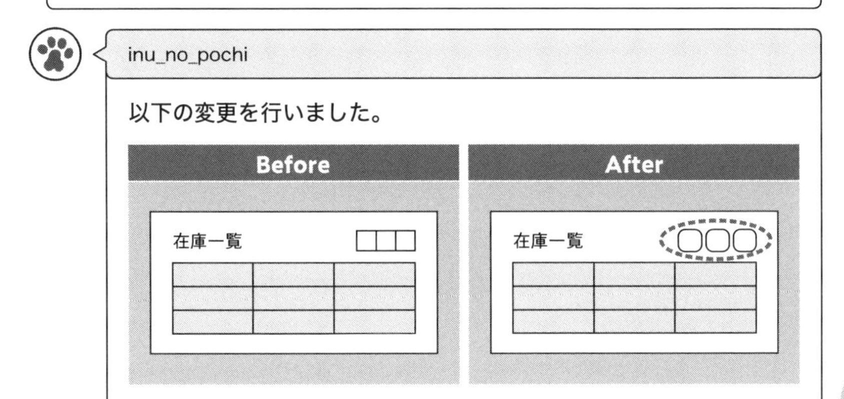

差分は一目でわかるように

目に見える変更を相手に説明する際は、Before／Afterの画像を載せるとより伝わりやすくなります。例えば、UIの変更をしたPRのディスクリプション、エラー文言変更の提案などです。

Before／Afterの画像があれば、**レビュアーがコードの変更結果を直感的に理解できます**。文章だけでは伝えにくい変化も視覚的な情報を用意すると、レビュアーの理解が早まり効率よくレビューができます。

そして、Before / Afterの画像によって、レビュアーは自身の環境で動作確認する際にも、意図通りの変更が反映されているか確実に検証ができます。

よりわかりやすくする工夫として、変更箇所を赤枠や矢印で強調したり、表形式で比較したりすると変更点がより明確になります。

28 「やっていないこと」を書く

【対　象】 レビュイー

【ルール】 ③お互いの前提知識を揃える

【キーワード】 効率　仕組み化　理解のしやすさ

Bad パターン

inu_no_pochi

テーブルのカラム名を修正しました。

Good パターン

inu_no_pochi

やったこと：テーブルのカラム名を修正しました。
やってないこと：カラム名の参照箇所の全コード修正（今回はエイリアスで対応）。参照箇所が多岐にわたるため、別PRで行うことになりました。

「やっていないこと」の情報は相手を助ける

PRを出す際、仕様への参照や実装内容を明記するのと同じくらい、「あえてやっていないこと」の情報を示すのは重要です。例えば「機能としてあるほうが望ましいが、今回の仕様の範囲外となるため未対応」や「後続のPRにて対応予定」といった内容です。

「やっていないこと」について記述があれば、レビュアーはその事項に対して考える負担を減らすことができます。「この機能が不足しているようだ」と考えたり、「この機能の必要はないですか？」「ありません、なぜなら～」とコメントでやり取りしたりする手間を省略できるのです。

やっていないことを書く場合**「どうしてやらなかったか」という理由も必ず書き添えましょう**。理由があってはじめて、レビュアーはその省略が妥当であるかどうかを判断することができます。

やっていないことを書く場合、もう1つのポイントがあります。それは、やっていない事柄とその理由が、このPR内だけで共有できればいい情報か、それとも該当箇所のコードを扱うときにはいつでも共有されたほうがよい情報かを意識し、そのどちらであるかによって、情報の共有の仕方を変えることです。

PR内だけで共有があればよい場合、例えば「後続のPRにて対応予定」といった場合は、PRのディスクリプションなりセルフコメントなりの形がよいでしょう。そうではなく、該当箇所のコードを扱うときにはいつでも共有されたほうがよい情報の場合、例えば「メモリ効率のため、あえて生のSQLを扱っている」といった情報の場合は、揮発性の高いPR内の記述ではなく、コードにコメントするなど永続性の高いストック型の方法を選んでください。

29 テンプレートを用意する

【対　象】 レビュイー

【ルール】 ④チームで仕組みを作る

【キーワード】 効率　ツールの活用　仕組み化　理解のしやすさ

Bad パターン

機能の修正

inu_no_pochi

fix https://example.com/xxx/xxx/issues/xx
・「入荷待ち」の場合は「在庫なし」を返すように条件分岐を修正
・既存データの修正用SQLを作成

Good パターン

機能の修正

inu_no_pochi

PRの説明

fix https://example.com/xxx/xxx/issues/xx
商品登録APIで在庫ステータスが「販売中」の場合のみ「在庫あり」になるべきところ、「入荷待ち」の場合も「在庫あり」になってしまう不具合を修正しました。

【やったこと】
・ステータス判定を行う○○○メソッドの条件分岐を修正
　-「入荷待ち」の場合は「在庫なし」を返すように変更
・既存データの修正用SQLを作成
　-「入荷待ち」の商品の在庫ステータスを「在庫なし」に更新

【やっていないこと】
・過去の在庫履歴データの修正
　-影響範囲が大きいため、今回は現在の状態のみ修正

動作確認
【動作確認観点】
(1) 商品登録時の在庫ステータス設定が正しく動作すること
(2) 既存データが正しく修正されること

【動作確認手順】
(1) 商品登録時の在庫ステータス設定が正しく動作すること
　-○○○
　-○○○
(2) 既存データが正しく修正されること
　-○○○

その他
・○○○○○○○○○

レビューの効率を高めるテンプレート

PRのテンプレートを作成すると、統一された形式でディスクリプションが記載されるため、レビュアーが内容を理解しやすくなり効率的にレビューができます。レビュイーにとっても、必要な情報の伝え漏れを防止でき、ディスクリプションを作成する時間の短縮にも繋がります。また、後からPRを見返す場合や、新しいメンバーがPRを見る際にも情報が整理されていると理解しやすくなります。

Goodパターンのディスクリプションがテンプレートとして用意している項目は次の通りです。

表：テンプレートの項目例

項目	概要
PRの説明	PRに関する説明。ドキュメントのURLやissueコメントのリンクなどを必要に応じて記載する。チケットの説明で背景や理由が十分でなければ記載する
やったこと	変更した内容の詳細
やっていないこと	そのPRで行わなかった変更。後から見返した際にやっていないことの理由を推測しなくてよいように記述しておく
動作確認観点	動作確認の際に確認すべきポイント。変更箇所の動作や互換性などが挙げられる
動作確認手順	動作確認を進めるための手順。画面の変更がある場合は前後のスクリーンショットを載せる
その他	特に確認してほしいところや迷った点などがあれば記載する

その他、チームの状況に合わせて以下のような項目も追加するとよいでしょう。

- **セキュリティチェックリスト**
- **デプロイ時作業の有無チェックリスト**
- **別のドキュメントに記載が必要な事項のチェックリスト**
- **システム性能要件や品質保証のチェックリスト**

テンプレートのアンチパターン

テンプレートは効果的なツールである一方で、次のようなアンチパターンもあります。

- 情報を漏れなく記載することを意識しすぎた結果、項目を作りすぎてしまう
  →運用が大変になる
- 時間が経つにつれテンプレート作成時の意図や背景が忘れられる
  →形式的に空欄を埋めたり、空欄が多くなったりと運用が適当になる

これらのアンチパターンを避けるために、以下の点に注意しましょう。

- 最初からテンプレートに盛り込みすぎず、最小限の項目から運用を始める
- 定期的にチームでテンプレートの運用状況を見直し、必要に応じて変更する

30 ラベルをつける

【対　象】 レビュアー　レビュイー

【ルール】 ④チームで仕組みを作る

【キーワード】 効率　ツールの活用　仕組み化

Good パターン

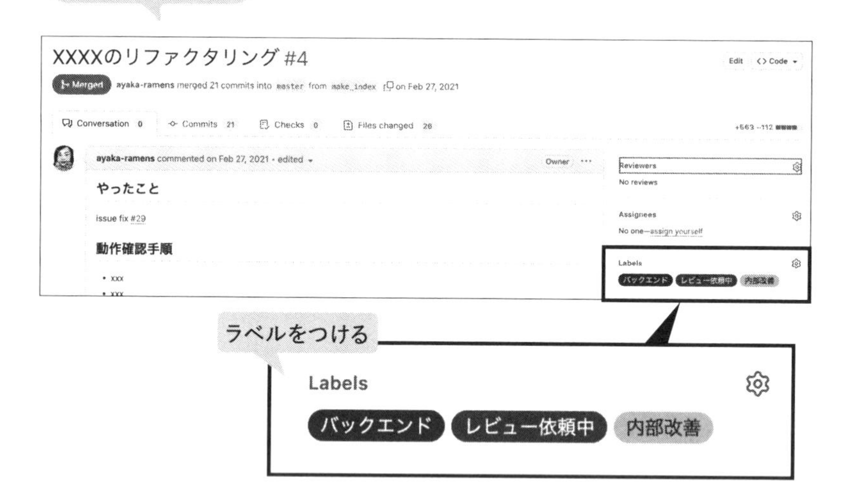

ラベル機能を活用しよう

PRやissueの数が多くなったとき、「緊急」「優先度高」「バックエンドのタスク」「レビューできる状態」などの、分類やステータスの管理に困った経験はないでしょうか。

このような課題を解決するために、ラベル機能を活用することをおすすめします。**ラベルを使うと、issueやPRの緊急度、重要度、ステータスが一目でわかるようになります**。レビュアーやチームメンバーが都度レビュイーに確認する手間が省け、効率よくコミュニケーションができます。

さらに、ラベルでの絞り込みもできるので、issueの整理や過去のPRを探す際にも役立ちます。また、GitHub Actionsを利用するとPR作成時に自動でラベルをつけることもできます。

ラベルを導入する際は、チームで運用方法を定め、共通認識を持つことが大切です。また、定期的にラベルを見直して、削除したり追加したりしながら調整しましょう。ラベルの種類の例には、次のようなものがあります。

- レビュー依頼中
- 緊急度：高
- 内部改善
- 今スプリントリリース
- bug
- バックエンド

31 箇条書きを使う

【対　象】 レビュアー レビュイー

【ルール】 ⑤率直さを心がける

【キーワード】 理解のしやすさ

Bad パターン

inu_no_pochi

動作確認は以下の流れで行ってください。まず、商品数件に「人気の商品」タグをつけておきます。閲覧権限のあるユーザーでログインし、次に、在庫の一覧ページの「絞り込み検索」ボタンをクリックし、検索条件のうち、タグの絞り込み条件を「人気の商品」に設定して「絞り込む」ボタンを押して検索します。検索結果に「人気の商品」タグをつけた商品のみが表示されていることを確認してください。

Good パターン

inu_no_pochi

動作確認は以下の流れで行ってください。

① 以下のデータを準備する
- 「人気の商品」タグがついた数件の商品
- 閲覧権限のあるユーザー

② 閲覧権限のあるユーザーでログインする

③ 在庫一覧ページ の「絞り込み検索」ボタンをクリックする

④ 検索条件のうち、タグの絞り込み条件を「人気の商品」に設定する
⑤「絞り込む」ボタンを押して検索する
⑥ 検索結果に「人気の商品」タグをつけた商品のみが表示されていることを確認する

箇条書きは情報を整理する効果的な手段です。文章を簡潔に表現し、要点を明確にすることで、読み手の理解を促します。また、情報が視覚的に整理されるので、必要な情報を見つけやすくなり、読む負担も軽減できます。

箇条書きを使用する際のポイントは次の通りです。

● 項目の粒度を揃える
- 同じレベルの情報を同じ階層に書く
（例） 1階層目に概要を記載し、2階層目で詳細を説明する

● 書式の一貫性を保つ
- 文末の句読点の使用有無を統一する
- 用言または、体言止めなどの言い回しを揃える

● 順番に並べる
- 時系列・重要度・種類など並びに意味を持たせる
- 必要に応じて連番を振る

箇条書きが適切ではない場合もある

一方で箇条書きが適切でない場合もあります。特に、**項目同士の関係性や全体の構造を表したいときは、文章や図表を使ったほうが効果的です**。例えば、設計の意図を説明するときや、提案を行う場面ではまとまった文章にするとよいでしょう。また、コンポーネントの関係性や複数条件のバリデーションの組み合わせを示す際などは、図や表が適しています。

32 レビュアーを指名するロジックを作る

【対　象】 レビュイー

【ルール】 ④チームで仕組みを作る

【キーワード】 効率　ツールの活用　仕組み化

Bad パターン

PRをレビュー依頼しよう。とりあえず、今回も○○さんにお願いしておけばよいかな。

Good パターン

PRのレビュアーはランダムアサインを設定した！　今回のレビュアーは△△さんだな。

レビューの負担が偏らないように

PRのレビューが任意の場合、レビューが滞ったり、レビュー担当が特定のメンバーに偏る傾向があります。この問題を解決するために、レビュアーを指名する制度の導入をおすすめします。レビュアーを指名制にすると、指名された人が責任感を持ちやすくなり、レビューが円滑に進むようになります。

具体的な方法としては、指名するレビュアーの人数を定め、GitHubの自動割り当て機能や独自のスクリプト等でレビュアーを決定するとよいでしょう。

これにより、レビュアーが毎回同じ人ではなくなるため、レビュイーは誰が見てもわかりやすいようなディスクリプションを書こうと意識する効果が期待できます。

注意点として、指名されたレビュアーが必ずレビューを行うルールにすると、その他のタスクや休みの予定の調整が難しくなります。そのため、指名された人がレビューを行えない場合は、別の人を指名して柔軟に対応できるようにしましょう。

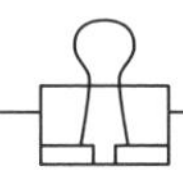

COLUMN　読みやすいメッセージは「改行」が鍵

チャットツールやメールで長文のメッセージを受け取ったとき、内容を把握するのに苦労した経験はありませんか？　一気に書かれた文字がびっしり詰まった文章は、視認性が悪く、読む側に大きな負担を与えてしまいます。

そのため、特に長い文章を相手に読んでもらうときには適度な改行を入れるとよいでしょう。SEOなどのテクニックでも、3行程度ごとに改行を入れたほうが読みやすくなると、適宜改行を入れることが推奨されています。

特にチャットツールでは、長いメッセージがまとめて送られると、時間がかかりそうだなと読むのを後回しにされたり、読み飛ばされたり、内容を正しく理解してもらえなかったりするリスクが高まります。

業務上のロスを避けるためにも、**要点ごとに改行を入れて、一息つけるタイミングを作る**ことは重要です。相手にとってストレスの少ないメッセージを作ることを心がけましょう。

33 相手の理解の段階を踏む

【対　象】 レビュアー　レビュイー

【ルール】 ③お互いの前提知識を揃える

【キーワード】 効率　受け取りやすさ

Bad パターン

tamamoto

パターンAとBのどちらを想定されていますか？　Aだとするとユーザーの画像に対する権限が閲覧のみに制限されます。ですがユーザーには管理者・オーナー・一般ユーザーがいるため、管理者とオーナーも閲覧のみになると、商品登録の際の画像登録に不具合が出るため、商品登録の部分に新たな権限設定ロジックが必要になるか、今回の実装のほうで商品登録のパターンを除外しなければなりません。どちらがよいと思われますか？　また、Bだとするとユーザーの画像に対する権限に登録が含まれるため、一般ユーザーの全般機能とオーナーの一部機能についての制限を別に入れる必要があり……

Good パターン

tamamoto

パターンAとBのどちらを想定されていますか？

inu_no_pochi

仕様としてAを指定しています。

tamamoto

そうするとユーザーの画像に対する権限が閲覧のみに制限されますね。ですがユーザーには管理者・オーナー・一般ユーザーがいるため、管理者とオーナーも閲覧のみになると、商品登録の際の画像登録に不具合が出ます。

inu_no_pochi

あっそうですね、商品登録の部分に新たな権限設定ロジックを入れましょうか。

tamamoto

あるいは今回の実装で商品登録のパターンを除外するやり方もあります。どちらがよいか既存の実装を見ながら検討しましょう。

コメントをする側が、自分が段階的に考えたこと全てを、まとめて質問として投げてしまうと、受け取る側はその量が多すぎて取りこぼしてしまうことがあります（TIPS「聞きたいことを絞る」（p.180）参照）。

それを避けるためのテクニックの1つに、「**相手の理解の段階を踏む**」ことがあります。考えたこと全てをいきなり相手にぶつけるのではなく、相互のやり取りの中で相手にも段階を踏んでもらいながら、二人三脚で情報を整理していくやり方です。段階を踏むためには、次のような切り分け方が考えられます。

表：情報を伝える段階

段階	概要	例
確認	相手の持っている情報を引き出し、議論に載せる情報を絞る	パターンAであることを確認し、パターンBの場合の考慮を捨てる
事実の列挙	議論のためにお互いに知っておきたい事実を揃える	ユーザーの種類と、権限制限を加えた場合に起こる問題
論点	実際に議論して考えたい問題を提示する	商品登録時の画像登録権限をどのアプローチで解決するか

これはTIPS「クイズを出さない」（p.128）のNGパターンとは似て非なるものです。クイズは、正解を一方が握っていてそれを答えてもらう、という形です。対して、相手の理解の段階を踏むやり方は、情報の整理を相手とともに行い、議論へ進むための前提を整備しようとするものになります。

監修者あとがき

『伝わるコードレビュー 開発チームの生産性を高める「上手な伝え方」の教科書』をお届けしました。いかがだったでしょうか。

本書に出てくるキャラクターたちと同じような形でチーム開発をしている読者であれば、体験したことのある、または目にしたことのある事例や、実際にこういうアドバイスをしているなといったTIPSが少なからずあったのではないでしょうか。本書に出てくる事例は、かわいいキャラクターのやりとりとして描かれているので、面白く読めてしまう部分があります。ですが、本書でポチ田やタマ本、トサカ井が直面している悩みや困りごとは、まさに今、自分のチームのメンバーが直面していてもおかしくない、現実的で切実な課題です。

それだけに、ポチ田やタマ本、トサカ井のような当事者的な立場として、あるいはミミ沢のようにそうしたメンバーをサポートする側の立場として、本書を読んで助けられる読者は多いのではないかと考えます。

そうした状況へのアプローチとして、本書では、Part1で意図を正確に伝えるための「5大ルール」が、Part2で19個の具体的なシチュエーションにおけるコミュニケーションの「改善のコツ」が、Part3でより良いコミュニケーションを実現するアドバイスとして33個の「TIPS」が、それぞれ提示されます。

本書はコードレビューをテーマとした書籍なので、これらはコードレビュー上のコミュニケーションを改善するためのものとして語られています。しかし、本書が本質的に伝えているのは「上手な伝え方」の技術であり、本書で語られる内容はコードレビューにとどまらず、あらゆる場面でのフィードバックに活かせる考え方・アプローチでもあります。

本書が私たちに教えてくれているのは、よいフィードバックとはどのようなものか、フィードバックする側が気をつけるべきこと、フィードバックを受ける側が気をつけるべきこと、よりよいフィードバックを生むための場づくりといったことです。

チーム開発をする中で、フィードバックをする／受けるシーンはコードレビュー以外にもたくさんあります。

たとえば、朝会やふりかえりの場で。あるいは、ペアプログラミングやモブプログラミングの場で。もしくは日常的なチャットでの会話の中で。本書で提示される「5つのルール」や「改善のコツ」、そして「TIPS」は、そうしたチーム開発の中のさまざまな場面で、私たちが上手にフィードバックし合っていくことを助けてくれるはずです。

ただし、1つだけ忘れないでほしいことがあります。

本書で学べるアドバイスは、非常に実践的で有効なものです。しかし、コミュニケーションに絶対の正解はありません。そして、ひとつひとつのコミュニケーションは、その時々の状況や相手によって異なります。

ですから、本書の内容を参考にしつつも、実際に存在する目の前の相手、それから自分自身の内面とよく向き合うことを忘れず、他者とのコミュニケーションを大事に重ねていってもらえたらと思います。

著者の皆さんの貴重な経験の蓄積から紡がれたこの本が、あなたの、そしてあなたのチームの、より効率的で、より素晴らしい開発の日々に役立つことを願っています。

島田浩二

[著者]

鳥井雪（とりい・ゆき）

プログラマー、NPO法人Waffleカリキュラム・マネージャー、万葉フェロー。著書に『ユウと魔法のプログラミング・ノート』（オライリー・ジャパン）、翻訳書に『ルビィのぼうけん』（翔泳社）、『プログラミングElixir』（オーム社、笹田耕一と共訳）等。令和5年度版東京書籍の国語教科書にプログラミングに関する文章掲載。Rails Girls TokyoやNPO法人Waffle等において女性や初学者のための活動経験多数。2024年Forbes JAPAN「Women In Tech 30: テクノロジー領域で未来を創造する30人の女性」選出。

久保優子（くぼ・ゆうこ）

2007年に大場寧子とともに株式会社万葉を創業し、副社長COOとして営業を一手に担っている。元Railsエンジニアで、共著に『Ruby on Rails 逆引きクイックリファレンス』（毎日コミュニケーションズ）がある。趣味はチューバとアルトサックス。

諸永彩夏（もろなが・あやか）

株式会社万葉に所属するプログラマー。万葉入社前はカスタマーサポートや経理・人事職をしていたが、プログラミングに興味を持ち学習を始めた。その後2020年2月万葉へ入社。入社後、研修や様々なプロジェクトでのチーム開発を通してテキストコミュニケーションを学ぶ。

[監修者]

島田浩二（しまだ・こうじ）

1978年神奈川県生まれ。電気通信大学電気通信学部情報工学科卒。2009年に株式会社えにしテックを設立。2011年からは一般社団法人日本Rubyの会の理事も務める。
近著に『ソフトウェアアーキテクトのための意思決定術』（インプレス、翻訳）『スタッフエンジニアの道』（オライリー・ジャパン、翻訳）『ソフトウェアアーキテクチャメトリクス』（オライリー・ジャパン、翻訳）など。

TIPS対応表

		5大ルール					Part2 実践編の Case				
		①	②	③	④	⑤	1	2	3	4	5
No	TIPS	決めつけない	客観的な根拠に基づく	お互いの前提知識を揃える	チームで仕組みを作る	率直さを心がける	緊張感のあるレビューコメント	説明不足のPR	進捗が遅れているPR	考え方・価値観の食い違い	細かすぎるレビューコメント
1	クイズを出さない					○	○				
2	命令しない	○								○	
3	性善説で考える	○				○	○				
4	相手の意図を断定しない	○								○	
5	まずは共感を示す	○								○	
6	チームで共有するタグを作る				○		○				
7	Lint ツールを入れる				○						○
8	作業ログをつけて参照場所をリンクする		○		○			○			
9	相談までの時間を決める				○				○		
10	詰まっていることを伝える					○			○		
11	わからないレベルを伝える					○					
12	遠回しに言わない					○					
13	自分の考え・意見を添える			○							
14	根拠がないなら根拠がないことを添える		○	○							
15	詳細を明示する		○	○				○			
16	何をして欲しいかを伝える					○					
17	「念のため」の確認をする			○							
18	同期コミュニケーションに移行する				○						
19	質問先を明示する				○						
20	上手に催促する					○					
21	期限を明示する					○			○		
22	すぐに返せないことを伝える					○					
23	聞きたいことを絞る			○							○
24	相手の知識に合わせる			○							
25	はい・いいえで答えてもらう					○					
26	論破ではなく納得を目指す	○								○	
27	Before ／ After の画像を載せる		○	○				○			
28	「やっていないこと」を書く			○							
29	テンプレートを用意する				○			○			
30	ラベルをつける				○				○		
31	箇条書きを使う					○					
32	レビュアーを指名するロジックを作る				○						
33	相手の理解の段階を踏む			○							

Part2 実践編の Case													
6	7	8	9	10	11	12	13	14	15	16	17	18	19
Lint ツールのいいなりの修正	「あの人が言っているから大丈夫」という思考停止	質問コメントに答えない修正 PR	レビューポイントがわかりにくい PR	気を遣いすぎたレビューコメント	レビューされない PR	前提が揃っていない PR	コメントへの訂正情報の不足	放置された議論	見過ごされた質問コメント	想像に基づく修正	調べる前に相手に投げてしまう質問	関係者へ確認ができていない PR	感情的なコメント
													○
				○									○
		○								○		○	
		○						○	○				
○													
											○		
			○								○		
				○									
○		○					○				○		
	○											○	
			○			○							
			○		○				○				
	○											○	
								○					
								○					
									○				
								○	○				
						○							
				○									
							○						
													○
			○			○							
					○								
					○								
										○			

装丁・本文デザイン：坂本真一郎（クオルデザイン）
イラスト：平澤南
DTP：株式会社シンクス
編集：大嶋航平

伝わるコードレビュー
開発チームの生産性を高める「上手な伝え方」の教科書

2025年4月28日 初版第1刷発行
2025年6月20日 初版第2刷発行

著　　者　鳥井雪（とりい・ゆき）
　　　　　久保優子（くぼ・ゆうこ）
　　　　　諸永彩夏（もろなが・あやか）
監　　修　島田浩二（しまだ・こうじ）

発 行 人　臼井かおる
発 行 所　株式会社翔泳社（https://www.shoeisha.co.jp）
印刷・製本　中央精版印刷株式会社

＊本書へのお問い合わせについては、xiiページに記載の内容をお読みください。

＊造本には細心の注意を払っておりますが、万一、乱丁（ページの順序違い）や落丁（ページの抜け）がございましたら、お取り替えいたします。03-5362-3705までご連絡ください。

ISBN：978-4-7981-8600-9
Printed in Japan